电气工程训练

主编　邵文冕
参编　刘安平
主审　罗凤利　吴云鹏

机械工业出版社

本书根据《普通高等学校工程训练教学基本要求》和《普通高等学校工程训练中心建设基本要求》的精神，结合普通高等学校工程训练教学的实际需要而编写，主要内容包括：电气工程训练概述、电气工程训练基础知识、三相异步电动机控制电路、室内照明电路工程实践、智能家居和智能控制、综合创新训练等。

本书可作为普通高等学校电工电子类专业教材，也可作为电气工程相关技术人员的参考用书。

图书在版编目（CIP）数据

电气工程训练/邵文冕主编. —北京：机械工业出版社，2019.9
ISBN 978-7-111-63670-0

Ⅰ.①电… Ⅱ.①邵… Ⅲ.①电工技术-高等学校-教材 Ⅳ.①TM

中国版本图书馆CIP数据核字（2019）第203190号

机械工业出版社（北京市百万庄大街22号 邮政编码100037）
策划编辑：王振国 责任编辑：王振国
责任校对：张 力 潘 蕊 封面设计：严娅萍
责任印制：孙 炜
天津嘉恒印务有限公司印刷
2020年1月第1版第1次印刷
184mm×260mm·8.25印张·203千字
0001—3000册
标准书号：ISBN 978-7-111-63670-0
定价：29.80元

电话服务 网络服务
客服电话：010-88361066 机 工 官 网：www.cmpbook.com
010-88379833 机 工 官 博：weibo.com/cmp1952
010-68326294 金 书 网：www.golden-book.com
封底无防伪标均为盗版 机工教育服务网：www.cmpedu.com

前　言

当前，科学技术迅猛发展，使得社会对人才的知识、能力和素质提出了新要求，对综合型人才的需求量迅速增加，促使人才培养的模式也要做出相应的调整与改革。高等学校需要不断提高人才培养质量，注重对实践能力、创新精神、分析问题和解决问题能力的培养，提高人才对社会的适应度。

电能是一种优越的能源，随着科学技术的发展，无论工农业生产还是人民的生活，都离不开电能。但是，电能在给人们带来便利的同时，也带来了许多安全隐患。因此，能够合理、安全地使用电能是尤为重要的，普及电工基础知识，使每个人都能懂得安全用电并掌握基本的电气控制知识在现代教育中是非常必要的。

本书根据教育部教学指导委员会发布的《普通高等学校工程训练教学基本要求》和《普通高等学校工程训练中心建设基本要求》的精神，汲取和总结了近年来的教学经验和改革成果，结合普通高等学校工程训练教学的实际需要编写而成。

本书具有以下特点：

1. 以“学习电工基本知识，提高实践操作能力，培养创新精神和合作意识”为宗旨，遵循实践教学的特点，内容简明扼要、重点突出、通俗易懂、实用性强。

2. 本书适合电工电子类专业的师生使用，内容突出了基础性和认知性，目的在于吸引学生学习电工基础知识，培养合作意识，增强工程实践能力和创新精神。

3. 本书总结了编者多年的工程训练教学成果，并借鉴了相关院校的成功经验，采用了新的国家标准。

4. 每章配有“目的与要求”和“复习思考题”板块，方便广大师生使用。

本书由黑龙江科技大学工程训练与基础实验中心组织编写，由邵文冕担任主编，刘安平参加编写。具体编写分工如下：邵文冕编写了第 1、2、3、5、6 章，刘安平编写了第 4 章。全书由罗凤利、吴云鹏主审。

由于编者水平有限且时间仓促，书中难免有疏漏和不妥之处，恳请广大读者批评指正。

编　者

目录

第1章　电气工程训练概述

目的与要求

1. 了解电气工程训练的内容和教学环节。
2. 了解电气工程训练的教学目的。
3. 知道电气工程训练的要求，掌握电气工程训练安全操作规程。

1.1　工程训练的内容

1.1.1　产品生产过程

人类设计制造的产品种类繁多，大到航空母舰、航天飞机，小到电梯、空调等，都有其特定功能。例如，电梯可以载人载物，空调调节环境温度等，它们都少不了由机床作为切削工具改变零件的形状、尺寸，加工出符合工程图样要求的零件，并最终组装成产品的过程。

以机电产品为例，产品的种类虽然繁多，且功能各不相同，但基本要求是相同的，即满足市场对高质量、高性能、高效率、低成本、低能耗的机电产品的需求，获得最大的社会效益和经济效益。对机电产品的基本要求有：

（1）功能要求　具有特定功能，如运输、保温、计时、通信等。

（2）性能要求　如速度可调范围、起停时间、噪声、磨损等。

（3）结构工艺性要求　产品结构简单，便于制造、装配和维护等。

（4）可靠性要求　产品故障率低，有安全防护措施等。

（5）绿色性要求　产品节能、环保、无公害，包括废水、废气、废渣和废弃产品的回收处理等。

（6）成本要求　产品成本包括制造成本和使用成本，降低成本以提升产品的竞争力。

产品制造是人类按照市场需求，运用主观掌握的知识和技能，借助手工或可以利用的客观物质工具，采用有效的工艺方法和必要的能源，将原材料转化为最终机电产品，投放市场并不断完善的全过程，可以描述为宏观过程和具体过程。

1）产品制造的宏观过程。工程训练涉及一般机电产品制造的全过程：首先是设计图样，再根据图样制订工艺文件和进行工装的准备，然后是产品制造，最后是市场营销，并将各个阶段的信息反馈回来，使产品不断完善。

2）产品制造的具体过程。产品制造的具体过程如图1-1所示。原材料包括生铁、钢锭、各种金属型材及非金属材料等。将原材料用铸造、锻造、冲压、焊接等方法制成零件的毛坯（或半成品、成品），再经过切削加工、特种加工等制成零件，最后将零件和电子元器件装配成合格的机电产品。

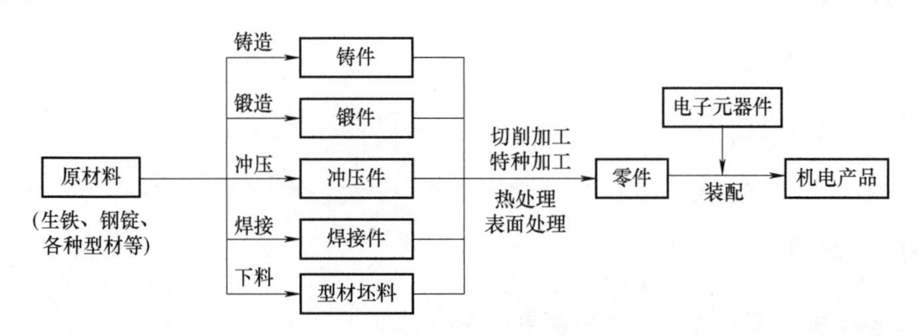

图 1-1　产品制造的具体过程

1.1.2　电气工程训练的内容

电气工程训练包括以下项目，可以根据教学需要有所选择。具体训练内容如下：

1）安全用电。

2）电工工具和仪表。

3）常用低压电器。

4）三相异步电动机控制电路。

5）室内照明电路工程实践。

6）智能家居和智能控制。

7）创新设计。

1.1.3　工程训练的教学环节

工程训练按项目进行，教学环节有实践操作、现场示范和理论讲授等。

1）实践操作是训练的主要环节，通过实践操作获得各种项目训练方法的感性知识，初步学会使用有关的设备和工具。

2）现场示范在实践操作的基础上进行，增强学生的兴趣，掌握操作要领。

3）理论讲授包括概论课、理论课和专题讲座。

1.2　工程训练的目的

工程训练的目的是掌握基础理论知识，增强实践能力，提高综合素质，培养创新意识和创新能力。

1.2.1　掌握基础理论知识

学生除了应该具备较强的基础理论知识和专业技术知识外，还必须具备一定的基本电气工艺知识。与一般的理论课程不同，学生在工程训练中，主要通过自己的亲身实践来获取电气工程基础知识和实践技能。这些工艺知识都是非常具体、生动而实际的，对于各专业的学生学习后续课程、进行毕业设计乃至以后的工作和生活，都是必要的。

1.2.2　增强实践能力

这里所说的实践能力，包括动手能力、学习能力、在实践中获取知识的能力，运用所学知识解决实际问题的技能，以及独立分析和亲手解决工程技术问题的能力。这些能力，对于每个学生都是非常重要的，而这些能力可以通过训练、实践、作业、课程设计和毕业设计等实践性课程或教学环节来培养。

在工程训练中，学生亲自动手操作各种机电设备，使用各种工具、夹具、量具、刀具、仪表和电气元器件，尽可能结合实际生产进行各项目操作训练。

1.2.3　提高综合素质

工程技术人员应具有较高的综合素质，即应具有坚定正确的政治方向，艰苦奋斗的创业精神，团结勤奋的工作态度，严谨求实的科学作风，良好的心理素质及较高的工程素质等。

工程素质是指人在有关工程实践工作中表现出的内在品质和作风，它是工程技术人员必须具备的基本素质。工程素质的内涵包括工程知识、工程意识和工程实践能力。其中工程意识包括市场、质量、安全、群体、环境、社会、经济、管理和法律等方面的意识。工程训练是在生产实践的特殊环境下进行的，对大多数学生来说是第一次接触工作岗位，第一次用自身的劳动为社会创造物质财富，第一次通过理论与实践的结合来检验学习效果，同时接受社会化生产的熏陶和组织性、纪律性的教育。学生将亲身感受到劳动的艰辛，体验到劳动成果的来之不易，增强对劳动人民的思想感情，加强对工程素质的认识。所有这些，对提高学生的综合素质必然起到重要作用。

1.2.4　培养创新意识和创新能力

培养学生的创新意识和创新能力，最初启蒙式的潜移默化是非常重要的。在工程训练中，学生要接触到几十种机械、电气与电子设备，并了解、熟悉、掌握其中一部分设备的结构、原理和使用方法。这些设备都是前人和今人的创造发明，强烈地映射出创造者们历经长期追求和苦苦探索所燃起的智慧火花。在这种环境下学习，有利于培养学生的创新意识。在训练过程中，还要有意识地安排一些自行设计、自行制作的综合性创新训练环节，以培养学生的创新能力。

1.3　工程训练的要求

1.3.1　工程训练的教学特点

工程训练以实践为主，学生必须在教师的指导下，独立操作，它不同于一般理论性课程，特点如下：

1）它没有系统的理论、定理和公式，除了一些基本原则以外，大都是一些具体的生产经验，工艺、安装调试及施工等知识。

2）学习的课堂主要不是教室，而是具有很多仪器设备的训练室或实验室。

3）学习的对象主要不是书本，而是具体生产过程。

4）教学不仅有教师，而且以工程技术人员和现场教学指导人员为主导。

1.3.2 工程训练的学习

工程训练具有实践性的教学特点，学生的学习方法也应做相应的调整和改变。

1）要善于向实践学习，注重在生产过程中学习基本的工艺及电气知识和技能。

2）要注意对训练内容的预习和复习，按时完成训练作业、日记、报告等。

3）要严格遵守规章制度和安全操作技术规程，重视人身和设备的安全。

4）建议学生按照以下认知过程学习：教学目的导向→预习、复习→认真听讲→记好日记→遵章守纪→积极操作→确保安全→循序渐进→听从安排→完成实践电路→主动学习→不断总结→勇于创新→提高素质能力。

1.3.3 工程训练，安全第一

安全教学和生产对国家、集体、个人都是非常重要的。安全第一，既是完成工程训练学习任务的基本保证，也是培养合格的高质量工程技术人员应具备的一项基本工程素质。在整个训练过程中，学生要自始至终树立安全第一的思想，严格遵守规章制度和安全操作规程，时刻警惕，不能麻痹大意。

复习思考题

1. 简述机电产品的基本要求。

2. 工程训练相对于理论学习做了哪些相应的调整和改变？

3. 工程训练有哪些要求？

第2章　电气工程训练基础知识

目的与要求

1. 了解有关人体触电的知识，熟悉引起触电的原因及常用预防措施，掌握触电后的抢救方法。

2. 掌握常用电工工具和仪表的使用方法，了解导线的连接和绝缘的恢复工艺过程。

3. 了解低压电器的分类，掌握各种低压电器的工作原理。

2.1　安全用电

2.1.1　触电的种类

人体是导电的，一旦有电流通过，将会受到不同程度的伤害。由于触电的种类、方式及条件不同，受伤害的后果也不一样。

人体触电，按电流对人体伤害的程度分为电击和电伤两类。

（1）电击　指电流通过人体时所造成的内伤。它可使肌肉抽搐，内部组织损伤，造成发热、发麻、神经麻痹等，严重时将引起昏迷、窒息甚至心脏停止跳动，血液循环中止而死亡。通常说的触电，就是指电击。触电死亡中绝大部分是由电击造成的。

（2）电伤　在电流的热效应、化学效应、机械效应以及电流本身作用下造成的人体外伤。常见的电伤有灼伤、烙伤和皮肤金属化等现象。

所谓灼伤，是由电流的热效应引起的，主要是电弧灼伤，或由于人体与带电体紧密接触，造成皮肤红肿、烧焦或皮下组织损伤。烙伤由电流热效应或力效应引起，是皮肤被电器发热部分烫伤或由于人体与带电体紧密接触而留下肿块、硬块，使皮肤变色等。皮肤金属化是由电流热效应和化学效应导致熔化的金属微粒渗入皮肤表层，使受伤部位皮肤留下带金属颜色的硬块。

2.1.2　常见的触电方式

常见的触电方式可分为单相触电、双相触电、跨步电压触电三种。

1. 单相触电

当人体的某一部位接触到相线（俗称火线），另一部分又与大地或零线（中性线）相接时，电流从带电体流经人体到大地（或零线）形成回路，这种触电叫作单相触电（或称为单线触电），如图 2-1 所示。在接触电气线路（或设备）时，若不采用防护措施，一旦电气线路或设备绝缘损坏漏电，将引起间接的单相触电。若站在地上误触带电体的金属裸露部分，将造成直接的单相触电。

2. 双相触电

当人体的不同部位分别接触到同一电源的两根不同相位的相线时，电流由一根相线经人体流到另一根相线造成的触电，称为双相触电（或称为双线触电），如图 2-2 所示。人体承受的电压是线电压，在低压动力线路中线电压为 380V，此时通过人体的电流将更大，而且电流的大部分经过心脏，所以双相触电比单相触电更危险。

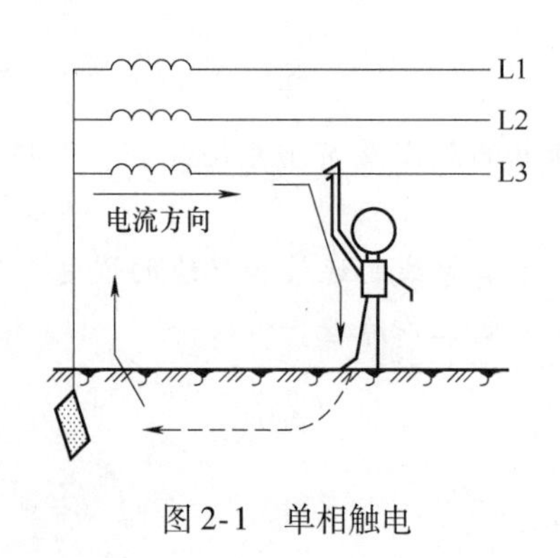

图 2-1　单相触电

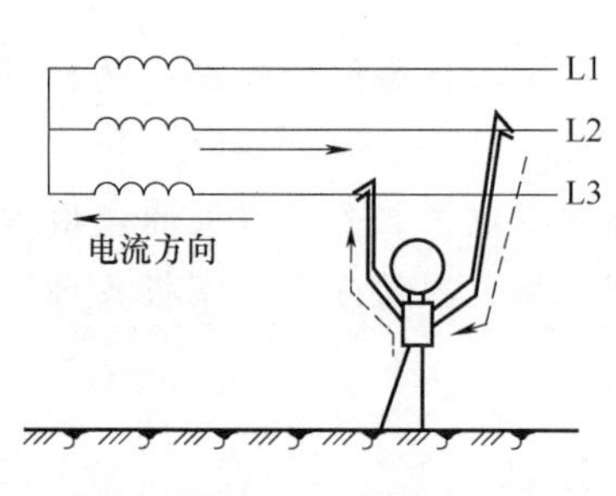

图 2-2　双相触电

3. 跨步电压触电

高压电线接触地面时，电流在接地点周围 8～10m 范围内将产生电压降。当人体接近此区域时，两脚之间承受一定的电压，此电压称为跨步电压。由跨步电压引起的触电称为跨步电压触电，如图 2-3 所示。

跨步电压触电一般发生在高压设备附近，人体离接地体越近，跨步电压越大。因此，在遇到高压设备时应慎重对待，避免受到伤害。

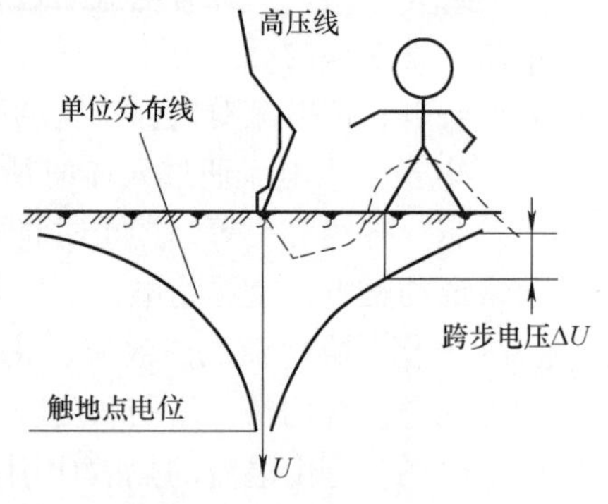

图 2-3　跨步电压触电

2.1.3　常见的触电原因及预防措施

触电包括直接触电和间接触电两种。直接触电是指人体直接接触或过分接近带电体而触电，间接触电是指人体触及正常时不带电而发生故障时才带电的金属导体。本节先分析触电的常见原因，从而提出预防直接触电和间接触电的几种措施。

1. 触电的常见原因

触电的场合不同，引起触电的原因也不同。下面根据在工农业生产和日常生活中所发生的不同触电事例，将常见触电原因归纳如下。

（1）线路架设不合规格　室内外线路对地距离、导线之间的距离小于允许值；通信线、广播线与电力线间隔距离过近或同杆架设，线路绝缘破损；有的地区为节省电线而采用一线一地制送电等，均会引起触电。

（2）电气操作制度不严格　带电操作，不采取可靠的保护措施，不熟悉电路和电器，盲目修理；救护已触电的人员时，施救者自身不采取安全保护措施；停电检修时不悬挂警告牌；检修电路和电器时，使用不合格的工具；人体与带电体过分接近，又无绝缘措施或保护措施；在架空线上操作时，不在相线上加临时接地线，无可靠的防高空跌落措施等。

（3）用电设备不合要求　电气设备内部绝缘损坏，金属外壳又未加保护接地措施或保护接地线太短、接地电阻太大；开关、灯具、携带式电器绝缘外壳破损，失去防护作用；开关、熔断器误装在中性线上，一旦断开，就使整个线路带电。

（4）用电不规范　在室内乱拉电线，随意加大熔断器熔丝规格；在电线上或电线附近晾晒衣物；在电线（特别是高压线）附近捕鸟、放风筝；在未断开电源的情况下移动家用电器；打扫卫生时，用水冲洗或用湿布擦拭带电电器或线路等导致触电。

2. 预防触电的措施

（1）直接触电的预防措施

1）绝缘措施。良好的绝缘是保证电气设备和线路正常运行，防止触电事故发生的重要措施。选用绝缘材料将带电体封闭起来的措施叫作绝缘措施。

绝缘材料的选用必须与该电气设备的工作电压、工作环境和运行条件相适应，否则容易造成击穿。但应注意，有些绝缘材料如果受潮，会降低甚至丧失绝缘性能。

绝缘材料的绝缘性能往往用绝缘电阻表示。不同的设备或电路对绝缘电阻的要求不同。例如：新装或大修后的低压设备和线路，绝缘电阻不应低于0.5MΩ；运行中的线路和设备，绝缘电阻每伏工作电压不应低于1kΩ。

2）屏护措施。采用屏护装置将带电体与外界隔绝开来，以杜绝不安全因素的措施叫作屏护措施。常用的屏护装置有遮栏、护罩、护盖、栅栏等，如常用电器的绝缘外壳、金属网罩、金属外壳，变压器的遮栏、栅栏等都属于屏护装置。凡是金属材料制作的屏护装置，应妥善接地或接零。

屏护装置不直接与带电体接触，对所用材料的电气性能没有严格要求，但必须有足够的机械强度和良好的耐热、耐火性能。

3）间距措施。为方便操作，在带电体与地面之间、带电体与带电体之间、带电体与其他设备之间，均应保持一定的安全间距，这叫作间距措施。安全间距取决于电压、设备的类型、安装的方式等因素。

（2）间接触电的预防措施

1）加强绝缘。对电气线路或设备采取双重绝缘，加强绝缘措施或对组合电气设备采用共同绝缘。采用加强绝缘措施的线路或设备绝缘牢固，不易损坏，不致发生带电的金属导体裸露而造成间接触电。

2）电气隔离。采用隔离变压器或具有同等隔离作用的发电机，使电气线路和设备的带电部分处于悬浮状态，这种措施叫作电气隔离。即使该线路或设备工作绝缘损坏，人站在地面上与之接触也不触电。

应注意的是：被隔离回路的电压不得超过500V，其带电部分不得与其他电气回路或大地相连，这样才能保证其隔离要求。

3）自动断电保护。在带电线路或设备上发生触电事故时，在规定时间内能自动切断电源而起保护作用的措施叫作自动断电保护，如漏电保护、过电流保护、过电压或欠电压保护、短路保护和接零保护等。

2.1.4 安全电压与安全电流

1. 触电伤害人体的因素

（1）电流的大小　触电时，流过人体的电流是造成损伤的直接因素。人们通过大量实验证明，通过人体的电流越大，对人体的损伤越严重。

（2）电压的高低　人体接触的电压越高，流过人体的电流越大，对人体的伤害越严重。但在触电事例的分析统计中，70%以上的死亡者是在对地电压为250V的低压下触电的。例如，以触电者人体电阻为1kΩ计算，在220V电压作用下，通过人体的电流是220mA，能迅速将人致死。对地电压在250V以上的高电压本来危险性更大，但由于人们接触少，且对它警惕性较高，所以，触电死亡事例约在30%以下。

（3）频率的高低　实践证明，40～60Hz的交流电对人最危险，随着频率的增大，触电的危险程度将下降。

（4）时间的长短　技术上常用触电电流与触电持续时间的乘积（叫作电击能量）来衡量电流对人体的伤害程度。触电电流越大，触电时间越长，则电击能量越大，对人体的伤害越严重。若电击能量超过150mA·s，触电者就有生命危险。

（5）不同路径　电流通过头部可使人昏迷，通过脊髓可能导致肢体瘫痪，通过心脏可造成心跳停止、血液循环中断，通过呼吸系统会造成窒息。可见，电流通过心脏时，最容易导致死亡。电流在人体中流经不同路径时，通过心脏的电流占通过人体总电流的百分数见表2-1。从表2-1中可以看出，电流从右手到左脚危险性最大。

表2-1　不同路径下通过心脏的电流占通过人体总电流百分数

电流通过人体的路径	通过心脏的电流占通过人体总电流的百分数（%）
从一只手到另一只手	3.3
从左手到右脚	3.7
从右手到左脚	6.7
从一只脚到另一只脚	0.4

（6）人体状况　人的性别、健康状况、精神面貌等与触电伤害程度有着密切关系。同等触电条件下，女性比男性触电伤害程度约严重30%。小孩与成人相比，触电伤害程度也要严重得多。体弱多病者比健康者更容易受电流伤害。另外，人的精神状况，对接触电器有无思想准备，对电流反应的灵敏程度，醉酒以及过度疲劳等都可能加剧触电事故的发生并加剧受电流伤害的程度。

（7）人体电阻的大小　人体电阻越大，受电流伤害越轻。通常人体电阻可按1～2kΩ考虑。这个数值主要由皮肤表面的电阻值决定。

2. 安全电压

电流通过人体时，人体所承受的电压越低，触电伤害越轻。当电压低到一定值以后，就不会造成人体触电。当人体不带任何防护设备接触带电体时，对各部分组织（如皮肤、神经、心脏、呼吸器官等）均不会造成伤害的电压值，叫作安全电压。它通常等于通过人体的允许电流与人体电阻的乘积。在不同场合，安全电压的规定是不相同的。

(1) 人体电阻 人体电阻一般不低于1kΩ，但影响人体电阻的因素很多，除皮肤厚薄外，皮肤潮湿、多汗、有损伤、带有导电粉尘，与带电体接触面大，接触压力大等都将减小人体电阻。人体电阻还与接触电压有关，接触电压越高，人体电阻将按非线性规律下降。

(2) 人体允许电流 人体允许电流是指发生触电后触电者能自行摆脱电源，解除触电危害的最大电流。在通常情况下，人体允许电流，男性为9mA，女性为6mA。在设备和线路装有触电保护设施的条件下，人体允许电流可达30mA。但在容器、高空或水面等可能因电击造成二次事故（再次触电、摔伤、溺亡）的场所，人体允许电流应按不引起强烈痉挛的5mA考虑。

必须指出，这里所说的人体允许电流不是人体长时间能承受的电流。

(3) 安全电压值 我国规定12V、24V和36V三个电压等级为安全电压级别，不同场所选用安全电压等级不同。在湿度大、狭窄、行动不便、周围有大面积接地导体的场所（如金属容器、矿井、隧道内等）使用的手提照明器具，应采用12V安全电压。危险环境和特别危险环境中的局部照明灯，高度不足2.5m的一般照明灯，携带式电动工具等，若无特殊的安全防护装置或安全措施，均应采用24V或36V安全电压。安全电压的规定是从总体上考虑的，对于某些特殊情况或某些人也不一定绝对安全。是否安全与人当时的状况（主要是人体电阻）、触电时间、工作环境、人与带电体的接触面积和接触压力等都有关系。因此，即使在规定的安全电压下工作，也不可粗心大意。

2.1.5 触电急救

在电气操作和日常用电中，如果采取了有效的预防措施，会大幅度减少触电事故，但要绝对避免是不可能的。所以，在电气操作和日常用电中必须做好触电急救的思想和技术准备。

1. 触电的现场抢救措施

发现有人触电，最关键、最重要的措施是使触电者尽快脱离电源。触电现场的情况不同，使触电者脱离电源的方法也不一样。在触电现场经常采用以下几种急救方法。

1) 迅速关断电源，把人从触电处移开。如果触电现场远离开关或不具备关断电源的条件，而触电者穿的是比较宽松的干燥衣服，那么救护者可站在干燥木板上（见图2-4），用一只手抓住衣服将其拉离电源，但切不可触及带电人的皮肤。如果条件不具备，还可用干燥木棒、竹竿等将电线从触电者身上挑开，如图2-5所示。

图2-4 将触电者拉离电源

图2-5 将触电者身上的电线挑开

2）如果触电发生在相线与大地之间，一时又不能把触电者拉离电源，可用干燥绳索将触电者身体拉离地面，或在地面与人体之间塞入一块干燥木板，这样可以暂时切断带电导体通过人体流入大地的电流，然后再设法关断电源，使触电者脱离带电体。在用绳索将触电者拉离地面时，注意不要发生跌伤事故。

3）救护者手边如果有现成的刀、斧、锄等带绝缘柄的工具或硬棒，可以从电源的来电方向将电线砍断或撬断，如图2-6所示。但要注意切断电线时人体不可接触电线裸露部分和触电者。

4）如果救护者手边有绝缘导线，可先将一端良好接地，另一端接在触电者所接触的带电体上，造成该相电源对地短路，迫使电路跳闸或熔丝熔断，达到切断电源的目的。在搭接带电体时，要注意救护者自身的安全。

5）在电杆上触电，地面上一时无法施救时，仍可先将绝缘软导线一端良好接地，另一端抛掷到触电者接触的架空线上，使该相对地短路，跳闸断电。在操作时要注意两点，一是不能将接地软线抛在触电者身上，这会使通过人体的电流更大；二是注意不要让触电者从高空跌落。

图2-6　用带绝缘柄的工具切断电线

注意：以上救护触电者脱离电源的方法，不适用于高压触电情况。

触电者脱离电源后，应根据其受电流伤害的不同程度，采用不同的施救方法。判断呼吸是否停止、脉搏是否跳动，根据简单判断的结果，采取对应的救治方式。

2. 对不同情况的救治

1）触电者神志清醒，只是感觉头昏、乏力、心悸、出冷汗、恶心、呕吐，应让其静卧休息，以减轻心脏负担。

2）触电者神智断续清醒，出现间歇昏迷。一方面请医生救治，另一方面让其静卧休息随时观察其伤情变化，做好万一恶化的施救准备。

3）触电者已失去知觉，但呼吸、心跳尚存，应在迅速请医生的同时，使其平卧在通风、凉爽的地方，给触电者闻一些氨水，摩擦全身，使之发热。如果出现痉挛，呼吸渐渐衰弱，应立即施行人工呼吸，并准备担架，送医院救治。在去医院途中，如果出现“假死”，应边送边抢救。

4）触电者呼吸、脉搏均已停止，出现“假死”现象，此时应针对不同的“假死”现象对症处理。如果呼吸停止，则用口对口人工呼吸法，迫使触电者维持体内外的气体交换。对心脏停止跳动者可用胸外心脏按压法，维持人体内的血液循环。如果呼吸、脉搏均已停止，上述两种方法应同时使用，并尽快向医院告急。下面介绍口对口人工呼吸法和胸外心脏按压法。

① 口对口人工呼吸法对呼吸渐弱或已经停止的触电者是行之有效的方法，且在几种人工呼吸法中效果最好。其操作步骤如下。

a. 首先使触电者仰卧在平直的木板上，解开衣领，松开上身的紧身衣服，使胸部可以自由扩张。除去口腔中的黏液、血液、食物、假牙等杂物，使头部后仰，如果舌根下陷应将其拉出，保持呼吸道畅通，如图 2-7 所示。

b. 救护人位于触电者的一侧，一只手捏紧触电者的鼻孔，另一只手掰开其口腔。救护人深吸气后，紧贴着触电者的嘴唇吹气，使其胸部膨胀。之后，放松触电者的嘴鼻，使其自动呼气。如此反复进行，吹气 2s，放松 3s，大约 5s 一个循环，如图 2-8 和图 2-9 所示。

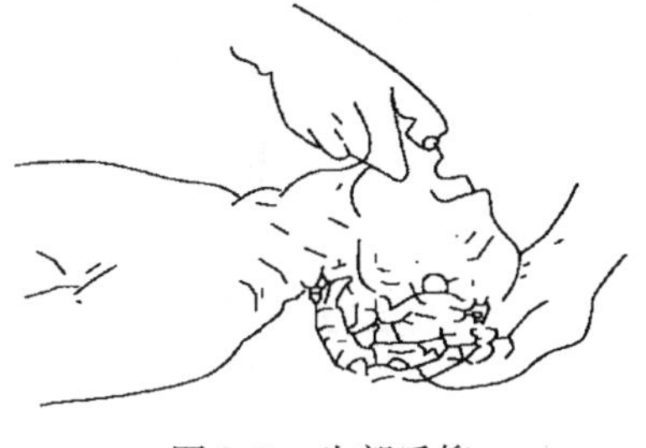

图 2-7　头部后仰

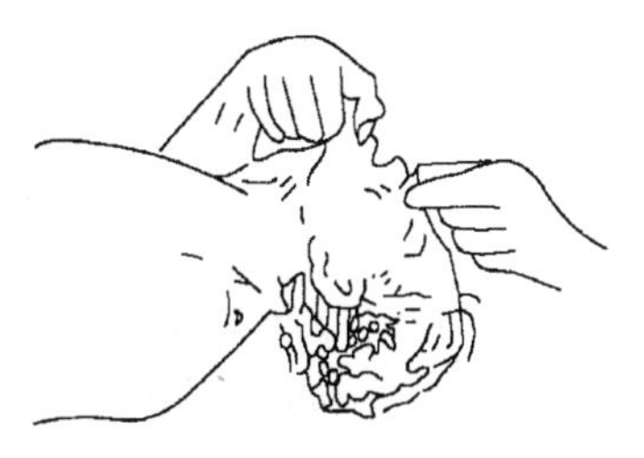

图 2-8　捏鼻掰嘴

c. 吹气时要捏紧鼻孔，紧贴嘴唇，不能漏气，放松时应能使触电者自动呼气，如图 2-10 所示。

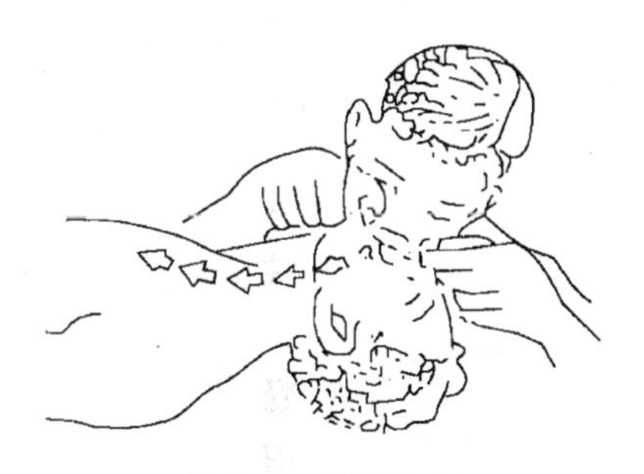

图 2-9　贴紧吹气

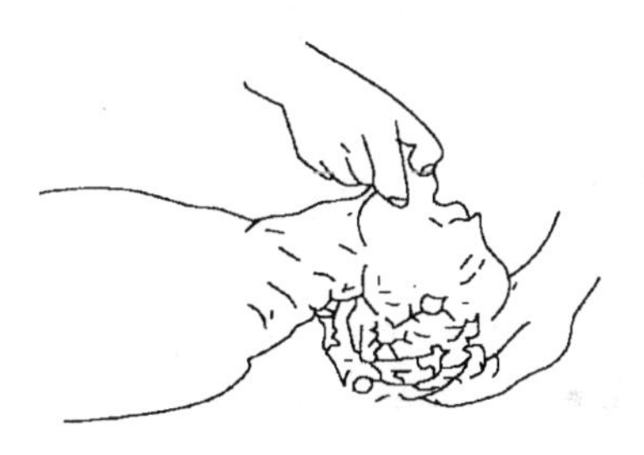

图 2-10　放松换气

d. 对体弱者和儿童吹气时用力应稍轻，不可让其胸腹过分膨胀，以免肺泡破裂。当触电者开始自主呼吸时，人工呼吸应立即停止。

② 胸外心脏按压法是帮助触电者恢复心跳的有效方法，用人工按压代替心脏的收缩作用，具体操作如图 2-11 ~ 图 2-14 所示。

a. 使触电者仰卧，姿势与进行人工呼吸时相同，但后背着地应结实。先找到正确的按压点，办法是：救护者伸开手掌，中指尖抵住触电者颈部凹陷的下边缘（即锁骨窝下边缘），手掌的根部就是正确的压点。

b. 救护人跪跨在触电者腰部两侧的地上，身体前倾，两臂伸直，两手相叠，以手掌根部放至正确压点。

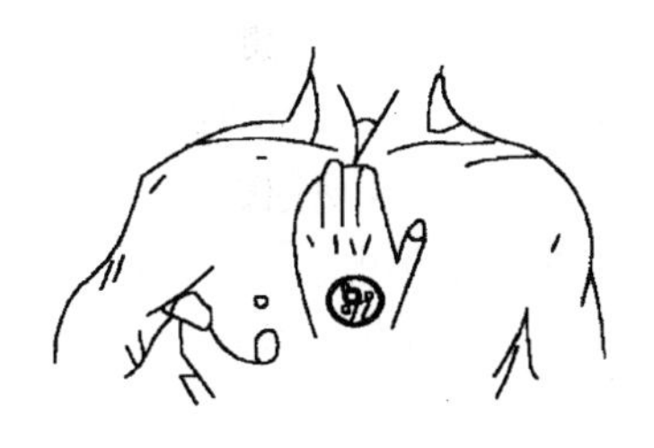

图 2-11　正确压点

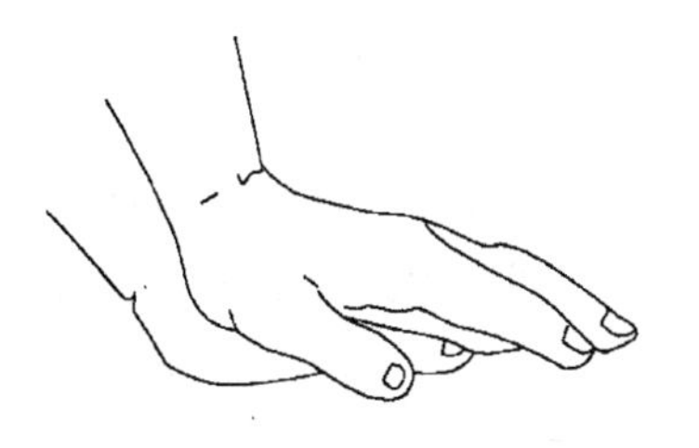

图 2-12　两手相叠

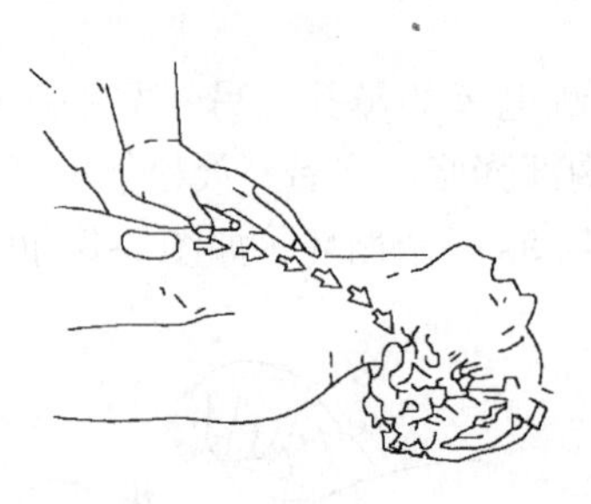

图 2-13　向下按压

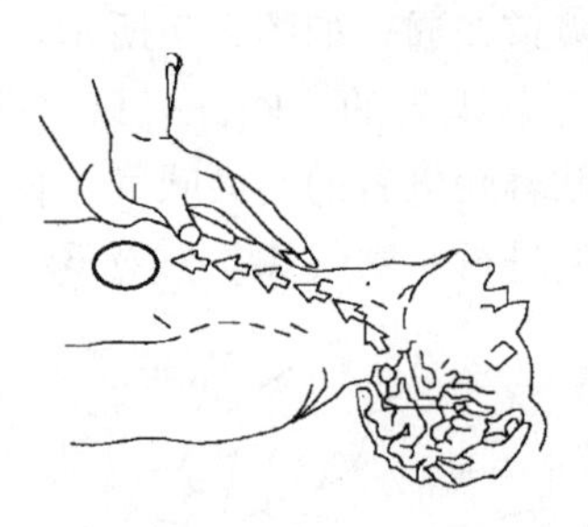

图 2-14　迅速抬起

c. 掌根均衡用力连同身体的重量向下按压。压陷深度成人为 3 ~ 5cm。对儿童用力要轻，太快太慢或用力过轻过重，都不能取得好的效果。

d. 按压后掌根迅速抬起，依靠胸廓自身的弹性，使胸腔复位，血液流回心室。重复步骤 c、d，每分钟 60 次左右为宜。

总之，要注意压点正确，下压均衡、放松迅速、用力速度适宜（慢慢压下，突然放开），要坚持做到心跳完全恢复。如果触电者心跳和呼吸都已停止，则应同时进行胸外心脏按压和人工呼吸。一人救护时，两种方法可交替进行；两人救护时，两种方法应同时进行，但要配合默契。

2.1.6　电气安全技术知识

1. 工作接地

为了保证电气设备正常工作，将电路中某一点通过接地装置与大地可靠连接，称为工作接地。如变压器低压侧的中性点、电压互感器和电流互感器二次侧的某一点接地等。

在电力系统中，中性点接地的称为中性点直接接地系统，中性点不接地的称为中性点不接地系统。在中性点直接接地系统中，如果一相短路，其他两相的对地电压为相电压。中性点不接地系统中，如果一相短路，其他两相的对地电压接近线电压。

2. 保护接地

将电气设备正常情况下不带电的金属外壳通过接地装置与大地可靠连接，称为保护接地，主要应用于三相三线制中性点不接地的电网系统。其原理如图 2-15 所示。图 2-15a 所示是未加保护接地时的情况，若绝缘损坏，一相电源碰壳，电流经人体电阻 R_r、大地和线路对地绝缘等效电阻 R_j 构成回路。若线路绝缘的性能不好，流过人体电流增大，危及人身安全。图 2-15b 中加了保护接地，当一相电源碰壳时，由于人体电阻 R_r 远大于接地电阻 R_d（一般只有几欧姆），流过人体的电流 I_r 比流过接地装置的电流 I_d 小得多，保证了人身安全。

3. 保护接零

将电气设备正常情况下不带电的金属外壳与电网的零线相连接，称为保护接零，适用于三相四线制中性点直接接地系统，其原理如图 2-16 所示。图 2-16a 所示是未接零时的情况，对地短路电流不一定能使线路保护装置动作。图 2-16b 中，若绝缘损坏，一相电源碰壳，由于外壳与电源零线相接，形成该相对零线的单相短路，短路电流使线路上的保护装置（如熔断器、低压断路器等）迅速动作，切断电源，保护人身和设备安全。

4. 重复接地

当电源变压器离用户较远时，为防止中性线断线或线路电阻过大，在用户附近将中性线

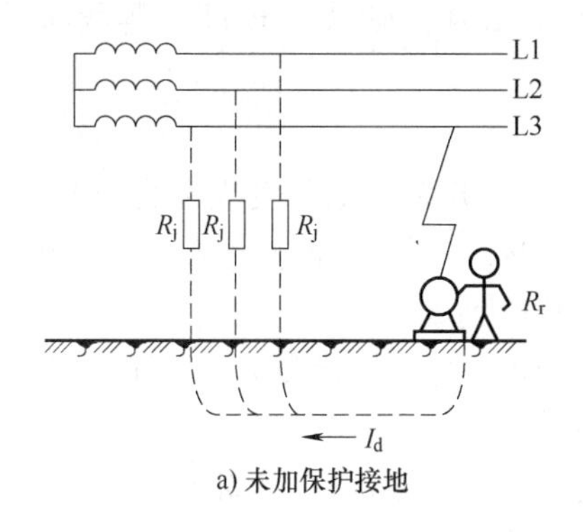

a) 未加保护接地

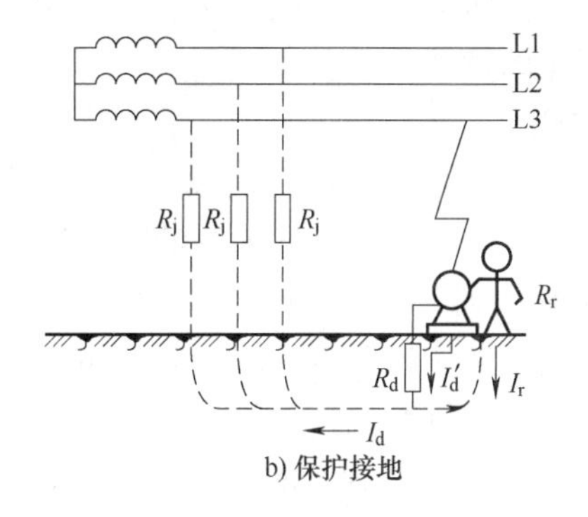

b) 保护接地

图 2-15　保护接地原理

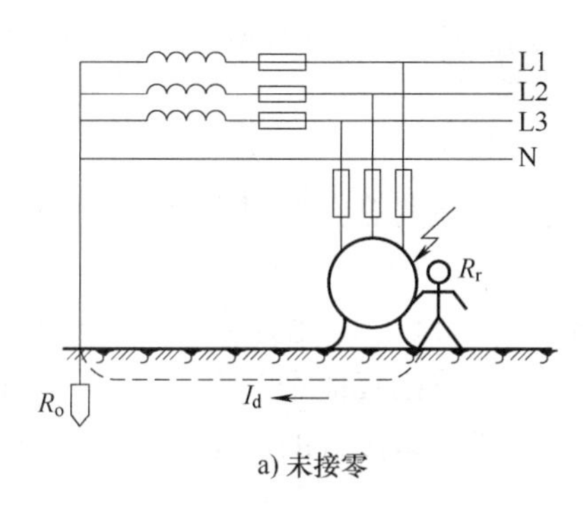

a) 未接零

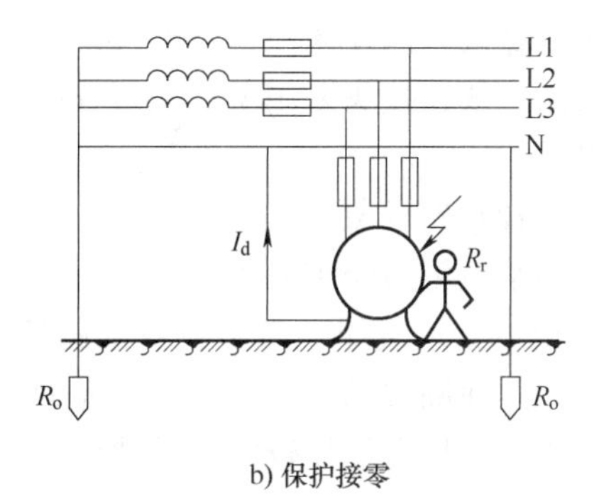

b) 保护接零

图 2-16　保护接零原理

再次接地。图 2-16b 中就采取了重复接地措施。重复接地的主要作用是降低三相不平衡电路中零线上可能出现的危险电压，减少单相接地或高压串入低压的危险。

5. 防火

电气火灾来势凶猛，蔓延迅速，既可能造成人身伤亡，设备、线路和建筑物的重大破坏，还可能造成大规模长时间停电，给国家财产造成重大损失。

（1）电气火灾的成因　电气火灾的成因很多，几乎所有的电气故障都可能导致电气火灾。如设备材料选择不当，线路过负荷、短路或漏电，照明及电热设备故障，熔断器熔断、接触不良，以及雷击、静电等，都可能引起高温、高热或者产生电弧、放电火花，从而引发火灾事故。

（2）电气火灾的预防和处理

1）电气火灾的预防。为了防止电气火灾的发生，首先应按场所的危险等级正确选择、安装、使用和维护电气设备及电气线路，按规定正确采用各种保护措施。在线路设计上，应充分考虑负荷功率及合理的过负荷能力。在用电上，应禁止过度超载及乱搭接电源线。用电设备有故障时应停用并及时检修。对于需在监护下使用的电气设备，应做到“人去停用”。对于易发生火灾的场所，应注意加强防火，配置防火器材。

2）电气火灾的处理。当电气设备发生火警时，首先应切断电源，防止火势蔓延以及灭火时发生触电事故。同时，拨打火警电话报警。发生电气火灾时，不能用水或普通灭火器（如泡沫灭火器）灭火。因为水和普通灭火器中的溶液都是导体，如电源未被切断，救火者有可能触电。所以，发生电气火灾时，应使用干粉、二氧化碳或“1211”等灭火器灭火，也可用干燥的黄沙灭火。

6. 防爆

（1）电气引爆　由电引发爆炸的原因很多且危害性极大，主要发生在含有易燃、易爆气体和粉尘的场所。当空气中汽油的含量达到1%～6%，乙炔含量达到2.5%～82%，液化石油气含量达到3.5%～16.3%，家用管道煤气含量达到5%～30%，氢气含量达到4%～80%，氨气含量达到15%～28%时，如遇电火花或高温、高热，就会引起爆炸。碾米厂的粉尘、各种纺织纤维粉尘，达到一定浓度也会引起爆炸。

（2）防爆措施　为了防止电气引爆的发生，在有易燃、易爆气体和粉尘的场所，应合理选用防爆电气设备，正确敷设电气线路，保持场所良好通风；应保证电气设备正常运行，防止短路、过载；应安装自动断电保护装置；易受损的设备应安装在危险区域外；防爆场所一定要选用防爆设备。使用便携式电气设备时应特别注意安全；电源应采用三相五线制与单相三线制线路，线路接头采用熔焊或钎焊等连接固定。

7. 防雷

雷电是一种自然现象，它产生的强电流、高电压、高温热具有很大的破坏力和多方面的破坏作用，会给电力系统和人类造成严重灾害。

（1）雷电的活动规律　雷电在我国的活动规律是：南方比北方多，山区比平原多，陆地比海洋多，热而潮湿的地方比冷而干燥的地方多，夏季比其他季节多。在同一地区，凡是电场分布不均匀，导电性能较好容易感应出电荷，云层容易接近的部位或区域，更容易引雷而导致雷击。

一般来说，空旷地区的孤立物体，高于20m的建筑物（如水塔、宝塔、尖形屋顶）、烟囱、旗杆、天线、输电线路杆塔等，金属结构的屋面，砖木结构的建筑物，特别潮湿的建筑物，露天放置的金属物，排放导电尘埃的厂房，排放废气的管道和地下水出口，烟囱冒出的热气（含有大量导电质点、游离态分子）处，金属矿床、河岸、山谷风口处，山坡与稻田接壤的地段，土壤电阻率小或电阻率变化大的地区容易受到雷击，雷雨天气时应特别注意。

（2）雷电的种类　根据雷电的形成机理及侵入方式，可分为下面几种类型。

1）直击雷。雷云距地面的高度较小时，在地面较高的凸出物上产生静电感应，感应电荷与雷云所带电荷相反而发生放电，称为直击雷，其电压可高达几百万伏。

2）感应雷。有静电感应雷和电磁感应雷两种。静电感应雷是雷云接近地面时，在地面凸出物顶部感应出的异性电荷失去束缚，以雷电波的形式沿地面传播，在一定时间和部位发生强烈放电所形成的；电磁感应雷是发生雷电时，巨大的雷电流在周围空间产生强大的、变化率很高的电磁场，在附近金属物上发生电磁感应产生很高的冲击电压，引发放电而形成的。感应雷产生的感应电压，其值可达数十万伏。

3）球形雷。雷击时形成的一种发红光或白光的火球。通常从门、窗或烟囱等通道侵入室内，在触及人畜或其他物体时发生爆炸、燃烧而造成伤害。

4）雷电侵入波。雷击时在电力线路或金属管道上产生的高压冲击波，顺线路或管道侵入室内，或者破坏设备绝缘层窜入低压系统，危及人畜和设备安全。

（3）雷电的危害　雷电的危害主要有四个方面：

1）电磁性质的破坏。雷击的高电压破坏电气设备和导线的绝缘，在金属物体的间隙形成火花放电，引起爆炸。雷电侵入波侵入室内，危及设备和人身安全。

2）机械性质的破坏。当雷电击中树木、电杆等物体时，造成被击物体的破坏和爆炸，雷击产生的冲击气浪也会对附近的物体造成破坏。

3）热性质的破坏。雷击时在极短的时间内释放出强大的热能，使金属熔化、树木烧焦、房屋及物资烧毁。

4）跨步电压破坏。雷击电流通过接地装置或地面向周围土壤扩散，形成电压降，使该区域的人畜受到跨步电压的伤害。

（4）常用防雷装置　防雷的基本思想是疏导，即设法将雷电流引入大地，从而避免雷击的破坏。常用的避雷装置有避雷针、避雷线、避雷网、避雷带和避雷器等。其中避雷针、避雷线、避雷网、避雷带作为接闪器，与引下线和接地体一起构成完整的通用防雷装置，主要用于保护露天的配电设备、建筑物等。避雷器则与接地装置一起构成特定用途的防雷装置。

避雷针是一种尖形金属导体，普遍用于建筑物、露天电力设施的保护。其作用是将雷电引到避雷针上，把雷电波安全导入大地，避免雷击的损害。避雷针应装设在保护对象的最凸出部位。根据保护范围的需要可装设单支、双支或多支。

避雷器通常装接在电力线路和大地之间，与电气设备并联安装。当电力线路出现雷电过电压时，避雷器内部立即放电，将雷电流导入大地，降低了线路的冲击电压。当雷电流过去后，避雷器迅速恢复为阻断状态，系统正常运行。

2.1.7　电气工程训练安全操作技术规程

1）进入实训室后未经指导教师许可不准随便使用电气设备及各种电子仪表、电工工具等。

2）操作前要做好一切准备工作，将所需的工具和仪表放在合适的位置，不得随意堆放。

3）操作前要认真听老师讲解实践规范和要求，观察老师演示操作方法，做好笔记，避免违章操作。

4）接通电源前，要注意严格检查工具、仪表和引线有无破损、漏电、短路现象，经老师检查无误方可通电，以免发生事故。

5）取用仪器、仪表、安装器件时要轻拿轻放，以免损坏。

6）如果有不懂的地方要向老师请教，不得随意操作，避免造成不必要的损坏。

7）仪器、仪表使用完毕，要将各种旋钮恢复原位或零位，电源开关要关闭。

8）电烙铁使用前要检查是否漏电，以免发生事故。电烙铁不用时要放在烙铁架上，不能随意摆放，以免烫伤人员、烧坏操作台及其他物品。焊接完毕，将电烙铁断电，等放凉后再收起。

9）实训结束，将所有工具、仪表、材料放回指定位置，未经老师许可，不得私自带到实训室外。

10）如遇紧急情况，要及时按下急停开关。

2.2 常用电工工具和仪表

2.2.1 常用电工工具

工具不合规格，质量不好或使用不当，都将影响工作质量，降低工作效率，甚至造成事故。电气操作人员必须掌握电工常用工具的结构、性能和正确的使用方法。

（一）验电器

验电器是检验线路和设备带电部分是否带电的工具，通常有感应式和螺钉旋具式（钢笔式）两种，它们的外形如图 2-17 所示。

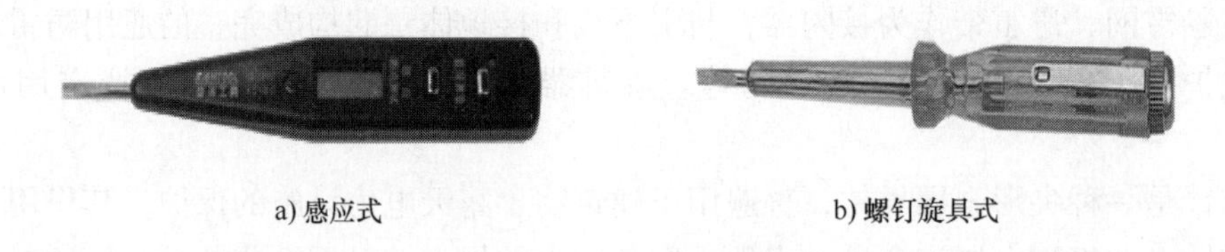

a) 感应式　　b) 螺钉旋具式

图 2-17　验电器的外形

1. 感应式验电器

以感应数显验电器为例，如图 2-17a 所示，此感应数显验电器适用于直接检测 12 ~ 220V 的交直流电，间接测量交流电的零线、相线和断点，还可以测量不带电导体的通断。

（1）直接检测　感应式验电器的使用方法如图 2-18a 所示。

1）最后的数字为所测量的电压值。

2）未到高段显示值的 70% 时，显示低段值。

3）测量直流电时应手碰另一电极。

4）多功能检测电压：可测量不带电导体，如导线、荧光灯、电容器、变压器、电动机线圈等两端是否断路。验电器探头接触待测的一端，用手握住另一端，通路则发光管亮，断路则不亮。

5）测量二极管正负极，如发光管亮则手握端为正极，探头端为负极；如果两端都亮说明二极管短路，都不亮则断路。用同样的方法能测量晶体管的通断。

6）可测量直流电压的正负极，如电池、直流电等，探头测一端，手摸另一端，如发光

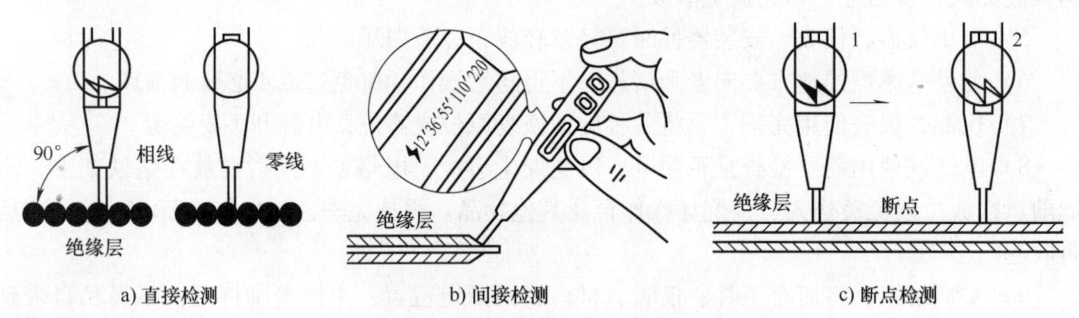

a) 直接检测　　b) 间接检测　　c) 断点检测

图 2-18　感应式验电器的使用方法

管亮则探头端为正极，手摸端为负极。

（2）间接测量　并排线路时应增大线间距或用手按住被测物，显示N为相线，如图2-18b所示。

（3）断点检测　沿相线纵向移动，显示窗内无显示时为断点处，如图2-18c所示。

注意事项：

1）勿同时按住两个电极进行测试。

2）使用时如果发光管不亮，请检查电池接触是否良好或更换电池。

2. 螺钉旋具式（钢笔式）验电器

使用时，注意手指必须接触金属笔尾（钢笔式）或验电器顶部的金属螺钉（螺钉旋具式），使电流由被测带电体经验电器和人体与大地构成回路。验电器结构如图2-19a、b所示，正确的使用方法如图2-19c所示，图2-19d所示是错误的使用方法。当被测带电体与大地之间的电位差超过60V时，用验电器测试带电体，验电器中的氖管就会发光。验电器的测试范围为60～500V。

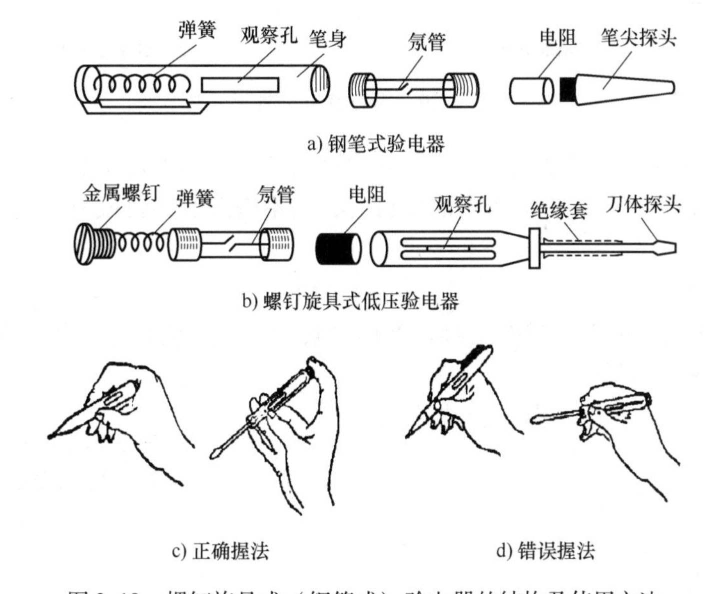

图2-19　螺钉旋具式（钢笔式）验电器的结构及使用方法

使用时应注意，以手指握住验电器笔身且食指触及笔身金属体（尾部），验电器的小窗口朝向自己的眼睛。

验电器的主要用途如下：

（1）区别相线与中性线　在交流电路中，当验电器触及导线时，使氖管发亮的是相线；正常时，中性线不会使氖管发亮。

（2）区别电压的高低　测试时可根据氖管发光的强弱来估计电压的高低。

（3）区别直流电与交流电　交流电通过验电器时，氖管里的两个极同时发光；直流电通过验电器时，氖管里两个极只有一个发光。

（4）区别直流电的正负极　把验电器连接在直流电的正负极之间，氖管发光的一端为直流电的正极。

（5）识别相线碰壳　用验电器触及电动机、变压器等电气设备外壳，若氖管发光，则说明该设备相线有碰壳现象。如果壳体上有良好的接地装置，氖管不发光。

（6）识别相线接地　用验电器触及三相三线制星形联结的交流电路时，有两根比通常稍亮，而另一根的亮度暗些，说明亮度较暗的相线有接地现象，但不太严重。如果两根很亮，而另一根不亮，则这一相有接地现象。在三相四线制电路中，当单相接地后，用验电器测量中性线时，验电器也会发亮。

（二）螺钉旋具

螺钉旋具俗称改锥、旋凿或起子，其外形如图 2-20 所示。它是紧固或拆卸螺钉的专用工具，按照其功能和头部形状不同可分为一字槽螺钉旋具和十字槽螺钉旋具，电工常用的十字槽螺钉旋具有四种规格，Ⅰ号适用的螺钉直径为 2 ~ 2.5mm；Ⅱ号为 3 ~ 5mm；Ⅲ号为 6 ~ 8mm；Ⅳ号为 10 ~ 12mm。使用时应注意以下两点：

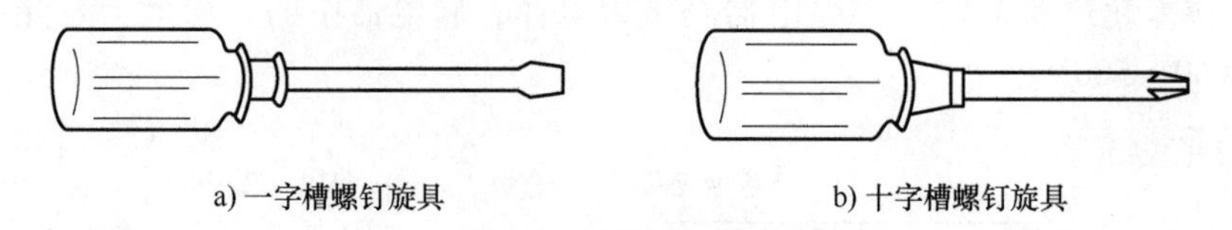

a) 一字槽螺钉旋具　　b) 十字槽螺钉旋具

图 2-20　螺钉旋具的外形

1）根据螺钉大小、规格选用相应尺寸的螺钉旋具，以小代大或以大代小都不正确。

2）使用螺钉旋具紧固或拆卸带电的螺钉时，手不得触及螺钉旋具的金属杆，以避免发生触电事故。

（三）电工刀

电工刀是用来切削电工器材的工具，常用来切割电线、电缆包皮等，其外形如图 2-21 所示。使用时应注意以下几点：

1）刀口无绝缘，不能在带电导线或器材上切割。

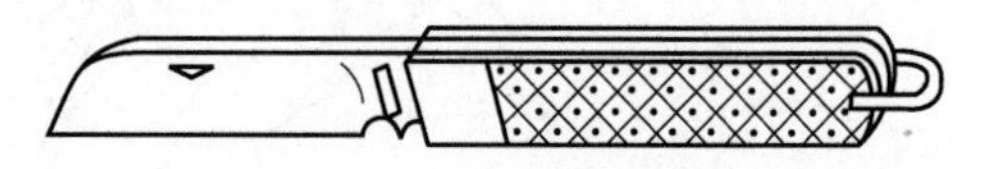

图 2-21　电工刀的外形

2）刀口朝外进行操作。

3）切割导线绝缘层时，刀面与导线成 45°角，以免割伤线芯。

4）使用后要及时把刀身折入刀柄，以免刀刃受损或危及人身。

（四）钳子

钳子有钢丝钳、尖嘴钳、斜口钳和剥线钳。

1. 钢丝钳

钢丝钳又称为克丝钳，一般有 150mm、175mm、200mm 三种规格，其外形如图 2-22 所示。其用途是夹持或折断金属薄板以及切断金属丝（导线），用来铡切粗电线线芯、钢丝或铅丝等较硬的金属。电工用钢丝钳的手柄必须绝缘，一般钢丝钳的绝缘护套耐压为 500V，适用于低压带电设备。使用钢丝钳时应注意下面几点：

1）使用钢丝钳时，切勿将绝缘手柄碰伤、损伤或烧伤，并注意防潮。

2）钳轴要经常加注润滑油，防止生锈，保持操作灵活。

3）带电操作时，手与钢丝钳的金属部分要保持 2cm 以上的距离。

4）根据不同用途，选用不同规格的钢丝钳。

2. 尖嘴钳

尖嘴钳的外形如图2-23a所示。尖嘴钳的头部尖细，使用灵活方便，适用于狭小的工作空间或带电操作低压电气设备，也可用于电气仪表制作或维修，钳夹细小的导线、金属丝等，夹持小螺钉、垫圈，并可将导线端头弯曲成形。电工维修时，应选用带有耐酸塑料套管绝缘手柄、耐压在500V以上的尖嘴钳，常用规格有130mm、160mm、180mm、200mm四种。

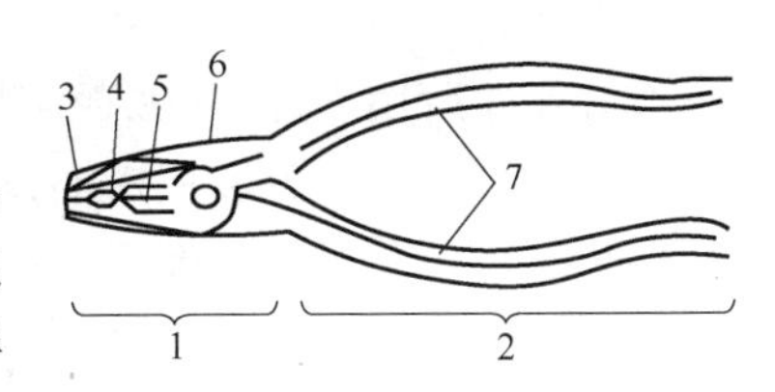

图2-22　钢丝钳的外形

1—钳头　2—钳柄　3—钳口　4—齿口　5—刀口　6—铡口　7—绝缘套

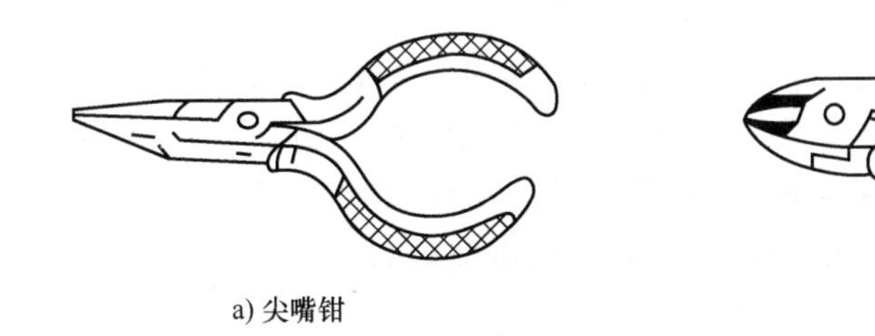

a) 尖嘴钳　　b) 斜口钳

图2-23　钳子的外形

使用尖嘴钳时应注意下面几点：

1）操作时，手离金属部分的距离应不小于2cm，以保证人身安全。

2）因钳头部分尖细，又经过热处理，钳夹物不可太大，用力切勿过猛，以防损坏钳头。

3）钳子使用后应清洁干净。钳轴要经常加润滑油，以防生锈。

4）不可使用绝缘手柄已损坏的尖嘴钳切断带电导线。

3. 斜口钳

斜口钳又称为断线钳，其头部扁斜，电工用斜口钳的钳柄采用绝缘柄，其外形结构如图2-23b所示，其耐压等级为1000V。斜口钳用于剪断较粗的金属丝、线材及电线、电缆等。

4. 剥线钳

剥线钳有自动式和直力式两种，由钳头和手柄组成，如图2-24所示。剥线钳用来剥离小直径导线绝缘层，手柄绝缘层耐压为500V。

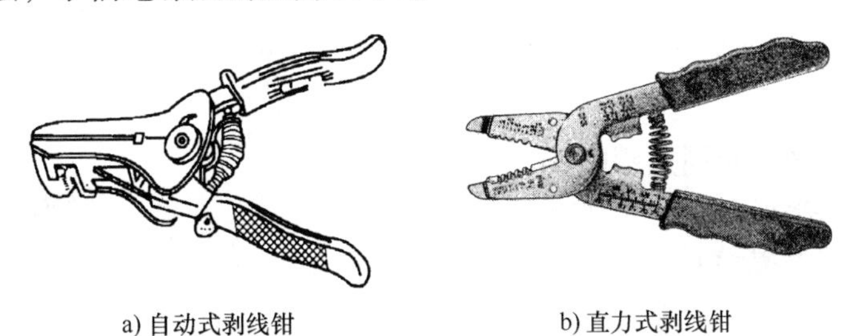

a) 自动式剥线钳　　b) 直力式剥线钳

图2-24　剥线钳

自动式剥线钳使用方法为一手握住钳柄，另一手将带绝缘层的导线插入相应直径的切口中，卡好尺寸后用力握手柄即可把插入部分的绝缘层割断自动去掉，且不损伤导线。直力式剥线钳使用方法为一手握住钳柄，另一手将带绝缘层的导线插入相应直径的切口中，用力握手柄，另一手向外拉导线即可。

注意事项：使用剥线钳时，应量好线径，插入的切口应与线径的直径相应，使用时，切口大小必须与导线芯线直径相匹配，过大难以剥离绝缘层，过小会损伤或切断芯线。

（五）扳手

扳手有活扳手和呆扳手两种，是用来拧紧或松开六角螺母，方头螺栓、螺钉、螺母的常用工具。

1. 活扳手

活扳手的扳口可在规定范围内任意调节，其结构如图 2-25a 所示。

活扳手的规格（长度 × 开口尺寸）较多，电工常用的有 150mm × 19mm、200mm × 24mm、250mm × 28mm 和 300mm × 34mm 等几种。扳较大螺母时，所用力矩较大，手应握在手柄尾部，如图 2-25b 所示。扳较小螺母时，为防止钳口处打滑，手可握在接近头部的位置，且用拇指调节和稳定蜗轮，如图 2-25c 所示。

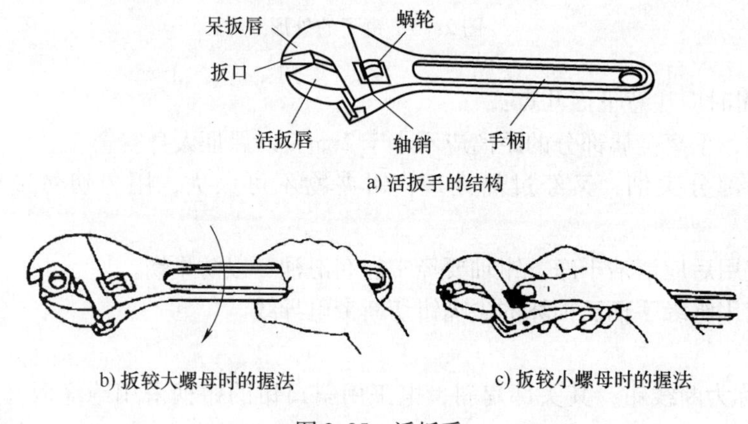

图 2-25　活扳手

使用活扳手时，不能反方向用力，否则容易扳裂活扳唇，也不准用钢管套在手柄上作为加力杆使用，更不准用作撬棍撬重物或当锤子敲打。旋动螺母时，必须把工件的两侧平面夹牢，以免损坏螺杆或螺母的棱角。

2. 呆扳手

呆扳手规格多样，其外形如图 2-26 所示。

（1）使用方法

1）选择与螺母规格相同类别的扳手。

2）顺时针转动手柄即拧紧，逆时针转动即松开。

3）对反扣的螺母要按上一条中相反方向使用。

4）小螺母握点向前、大螺母握点向后。

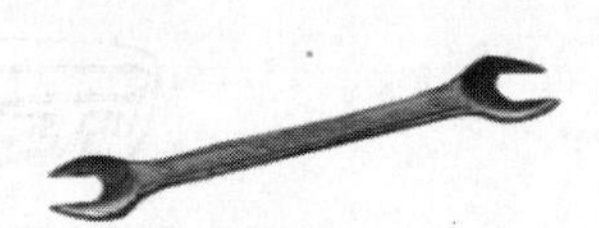

图 2-26　呆扳手

（2）注意事项

1）使用扳手时，一律严禁带电操作。

2）活扳手的开口调节应以既能夹住螺母又能方便地提取扳手、转换角度为宜。

3）任何时候不得将扳手当作锤子使用。

（六）镊子

镊子是维修电器时常用的小工具，主要用于夹持导线线头、元器件等小型工件或物品，通常由不锈钢制成，有较强的弹性。头部较宽、较硬，且弹性较强者可以夹持较大物件；反之可以夹持较小物件。镊子的形状如图2-27所示。

a) 普通镊子

b) 医用镊子

图2-27　镊子

（七）电烙铁

电烙铁如图2-28所示，是手工施焊的主要工具，主要用于锡焊和镀锡等。

图2-28　电烙铁

（1）常用电烙铁的种类和功率　常用电烙铁分为内热式和外热式两种。内热式电烙铁的烙铁头在电热丝的外面，这种电烙铁加热快且重量轻。外热式电烙铁的烙铁头插在电热丝里面，加热虽然较慢，但结构相对牢固。

电烙铁直接用220V交流电源加热。电源线和外壳之间应是绝缘的，电源线和外壳之间的电阻应大于200MΩ。

通常使用功率为30W、35W、40W、45W和50W的电烙铁。功率较大的电烙铁，其电热丝电阻较小。

（2）电烙铁的使用注意事项

1）新买的电烙铁在使用之前必须先给烙铁头蘸上一层锡（给电烙铁通电，然后在电烙铁加热到一定温度的时候就把焊锡丝靠近烙铁头），使用久了的电烙铁可将烙铁头部锉亮，然后通电加热升温，并将烙铁头蘸上一点松香，待松香冒烟时再上锡，使烙铁头表面先镀上一层锡。

2）电烙铁通电后温度高达250℃以上，不用时应放在烙铁架上，但较长时间不用时应切断电源，防止高温“烧死”烙铁头（被氧化）。要防止电烙铁烫坏其他元器件，尤其是电源线，若其绝缘层被电烙铁烧坏而不注意便容易引发安全事故。

3）不要猛力敲打电烙铁，以免震断电烙铁内部电热丝或引线而导致故障。

4）电烙铁使用一段时间后，可能在烙铁头部留有锡垢，在电烙铁加热的条件下，可以用湿布轻擦。如果出现凹坑或氧化块，应用细纹锉刀修复或者直接更换烙铁头。

5）焊接操作姿势与卫生。焊剂加热挥发出的化学物质对人体是有害的，如果操作时鼻子距离烙铁头太近，则很容易将有害气体吸入。一般电烙铁与鼻子之间的距离应不小于30cm，通常以40cm为宜。

电烙铁的握法有三种，如图2-29所示。反握法动作稳定，长时间操作不易疲劳，适于大功率电烙铁的操作。正握法适于中等功率或带弯头的电烙铁的操作。一般在操作台上焊印制电路板等焊件或导线镀锡时多采用握笔法。

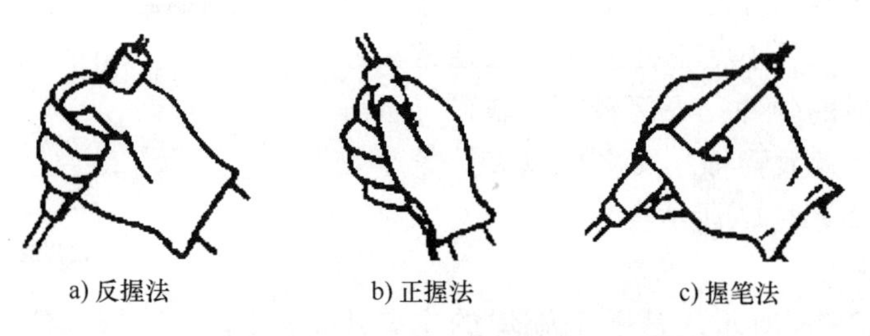

图2-29 电烙铁的握法

焊锡丝一般有两种拿法，如图2-30所示。由于焊锡丝成分中铅占一定比例，而铅是对人体有害的重金属，因此操作时应戴手套或操作后洗手，避免食入。

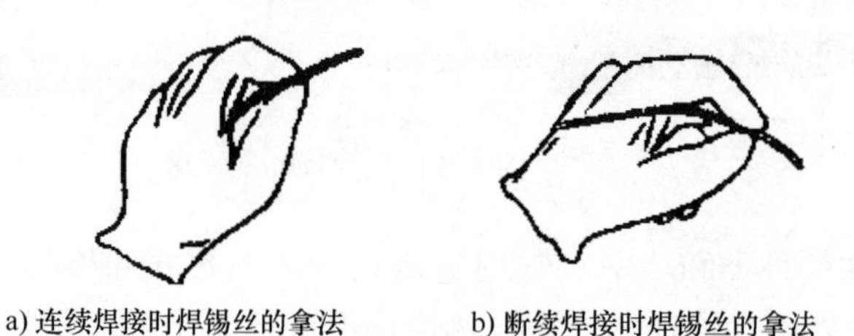

图2-30 焊锡丝的拿法

使用电烙铁时要配置烙铁架，一般情况下，烙铁架放置在工作台右前方，电烙铁用后一定要稳妥放置在烙铁架上，并注意导线等不要碰烙铁头，以免被电烙铁烫坏绝缘后发生短路。

2.2.2 常用导线的连接及焊接工艺

连接线路时，常常需要在分接支路的接合处或导线不够长的地方连联导线，这个连接处通常称为接头。导线的连接方法很多，有绞接、焊接、压接和螺栓连接等，各种连接方法适用于不同的导线及不同的工作地点。无论采用哪种导线连接方法，都要经过剥离绝缘层，导线线芯连接，接头（或端头）焊接或压接，导线绝缘层的恢复四个步骤。

（一）剥离绝缘层

连接导线前，必须先剥离导线端头的绝缘层，要求剥离后的芯线长度必须适合连接需要，不应过长或过短，且不应损伤芯线。各种导线的材质和绝缘层材质不同，其剥离导线端头绝缘层的方法也不尽相同。下面分别讨论塑料绝缘硬线、塑料绝缘软线、塑料护套线、铅包线、花线、橡套绝缘软电缆等的护套层和绝缘层的剥离工艺。

1. 塑料绝缘硬线绝缘层的剥离

（1）用钢丝钳、剥线钳剥离塑料绝缘硬线绝缘层　线芯截面积为4mm^{2}及以下的塑料绝缘硬线，一般可用钢丝钳剥离。具体方法为：按连接所需长度，用钳头刀口轻切绝缘层。用左手捏紧导线，右手适当用力捏住钢丝钳头部，然后两手同时反向用力即可使端部绝缘层脱离芯线。在操作中应注意，不能用力过大，切痕不可过深，以免伤及线芯。用钢丝钳剥离塑料绝缘硬线绝缘层的方法如图 2-31 所示。

（2）用电工刀剥塑料绝缘硬线绝缘层　按连接所需长度，用电工刀刀口对准导线成 45°角切入绝缘层，注意掌握力度使刀口刚好削透绝缘层而不伤及线芯，然后压下刀口，夹角改为约 15°后把刀身向线端推削，把余下的绝缘层从端头处与芯线剥离，接着将余下的绝缘层扳翻至刀口根部后，再用电工刀切齐。

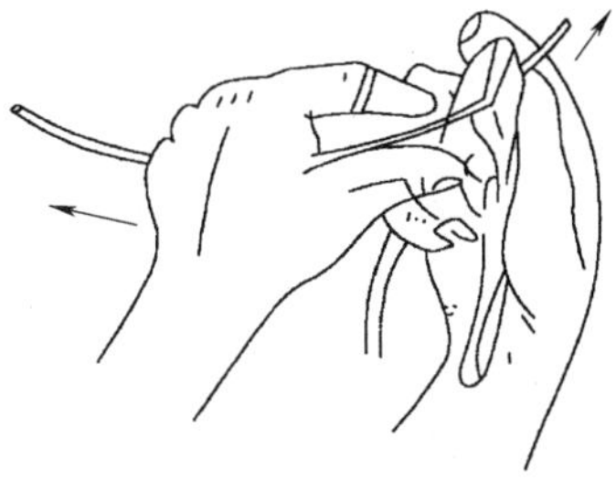

图 2-31　用钢丝钳剥离塑料绝缘硬线绝缘层

2. 塑料绝缘软线绝缘层的剥离

剥离塑料绝缘软线绝缘层除用剥线钳外，仍可用钢丝钳直接剥离截面积为 $4mm^2$ 及以下的导线，方法与用钳子剥离塑料绝缘硬线绝缘层相同。塑料绝缘软线绝缘层不能用电工刀剥离，因其太软，线芯又由多股铜丝组成，用电工刀极易伤及线芯。软线绝缘层剥离后，要求不存在断股（一根细芯线称为一股）和长股（即部分细芯线较其余细芯线长，出现端头长短不齐现象），否则应切断后重新剥离。

3. 塑料护套线绝缘层的剥离

塑料护套线只有端头连接，不允许进行中间连接。其绝缘层分为外层的公共护套层和内部芯线的绝缘层。对于公共护套层通常都采用电工刀进行剥离。常用方法有两种：一种方法是用刀口从导线端头两芯线夹缝中切入，切至连接所需长度后，在切口根部割断护套层；另一种方法是按线头所需长度，将刀尖对准两芯线凹缝划破绝缘层，将护套层向后扳翻，然后用电工刀齐根切去。

芯线绝缘层的剥离与塑料绝缘硬线端头绝缘层的剥离方法完全相同，但切口相距护套层长度应根据实际情况确定，一般应在 10mm 以上。

4. 铅包线护套层和绝缘层的剥离

铅包线绝缘层分为外部铅包层和内部芯线绝缘层。剥离时先用电工刀在铅包层上切下一个刀痕，再用双手来回扳动切口处，将其折断，将铅包层拉出来。内部芯线绝缘层的剥离与塑料硬线绝缘层的剥离方法相同。铅包线护套层和绝缘层的剥离过程如图 2-32 所示。

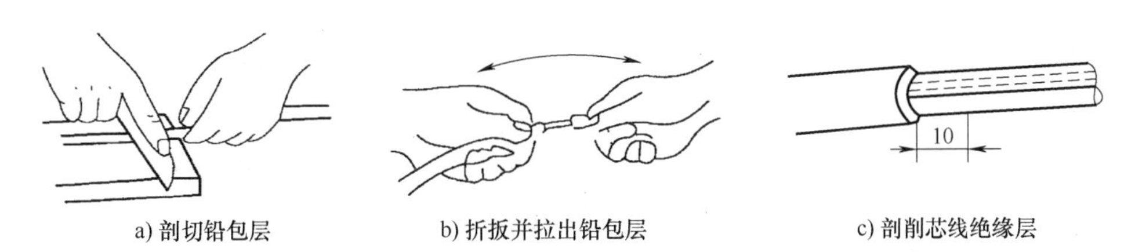

a) 剖切铅包层　b) 折扳并拉出铅包层　c) 剖削芯线绝缘层

图 2-32　铅包线护套层和绝缘层的剥离

5. 花线绝缘层的剥离

花线的结构比较复杂，多股铜质细芯线先由棉纱包扎层裹捆，接着是橡胶绝缘层，外面还套有棉织管（即保护层）。剥离时先用电工刀在线头所需长度处切割一圈拉去棉织管，然后在距离棉织管10mm左右处用钢丝钳按照剥离塑料绝缘软线的方法将内层的橡胶层剥离，将紧贴于线芯处棉纱层散开，用电工刀割除。

6. 橡套绝缘软电缆绝缘层的剥离

用电工刀从端头任意两芯线缝隙中割破部分护套层，然后把已分成两片的护套层连同芯线（分成两组）一起反向分拉撕破护套层，直到所需长度，再将护套层向后扳翻，在根部分别切断。

橡套绝缘软电缆一般作为田间或工地施工现场临时电源线，使用机会较多，因而受外界拉力较大，所以护套层内除有芯线外，尚有2~5根加强麻线。这些麻线不应在护套层切口根部剪去，而应扣结加固，余端也应固定在插头或电具内的防拉板中。芯线绝缘层可按塑料绝缘软线的方法进行剥离。

（二）导线线芯连接

对导线连接的基本要求如下：

1）接触紧密，接头电阻小，稳定性好，接头电阻与同长度同截面积导线的电阻之比应不大于1。

2）接头的机械强度应不小于导线机械强度的80%。

3）耐腐蚀。对于两根铝芯导线（简称铝线）的连接，如果采用熔焊法，主要应防止残余熔剂或熔渣的化学腐蚀。对于铝芯导线与铜芯导线（简称铜线）的连接，主要应防止电化学腐蚀。在接头前后，要采取措施，避免这类腐蚀的存在。否则，在长期运行中，接头有发生故障的可能。

4）接头的绝缘层强度应与导线的绝缘强度相同。

1. 铜芯导线的连接

（1）单股铜芯导线的直接连接　先按芯线直径约40倍的长度剥去线端绝缘层，勒直芯线再按以下步骤操作：

1）把两根线头在离芯线根部的1/3处呈X状交叉，如图2-33a所示。

2）把两线头如麻花状互相紧绞两圈，如图2-33b所示。

3）先把一根线头扳起与另一根处于下边的线头保持垂直，如图2-33c所示。

4）把扳起的线头按顺时针方向在另一根线头上紧缠6~8圈，圈间不应有缝隙且应垂直排绕。缠毕切去芯线余端，并钳平切口，不准留有切口毛刺，如图2-33d所示。

5）另一端头的加工方法，按上述步骤3）~4）操作。

单股铜芯导线的直接连接如图2-33e所示。

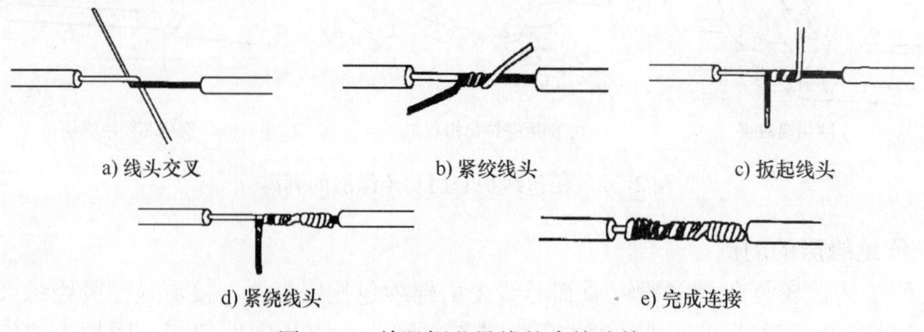

图2-33　单股铜芯导线的直接连接

（2）单股与多股铜芯导线的直接连接　先按单股线芯线直径约20倍的长度剥除多股线连接处的中间绝缘层，再按多股线的单股芯线直径的约100倍长度剥去单股线的线端绝缘层并勒直芯线，然后按以下步骤操作：

1）在离多股线的左端绝缘层切口3～5mm处的芯线上，用一字槽螺钉旋具把多股芯线分成较均匀的两组（如7股线的芯线以3股、4股分），如图2-34a所示。

2）把单股芯线插入多股线的两组芯线中间，但不可插到底，应使绝缘层切口离多股芯线约3mm。同时，应尽量使单股芯线向多股芯线的左端靠近，以能达到距多股线绝缘层切口不大于5mm为准。接着用钢丝钳把多股芯线的插缝钳平钳紧，如图2-34b所示。

3）把单股芯线按顺时针方向紧缠在多股芯线上。务必要使每圈直径垂直于多股芯线的轴心，并应使各圈紧挨密排，应绕足10圈，然后切断余端，钳平切口毛刺，如图2-34c所示。

（3）多股铜芯导线的直接连接　多股铜芯导线的直接连接如图2-35所示。按下列步骤进行：

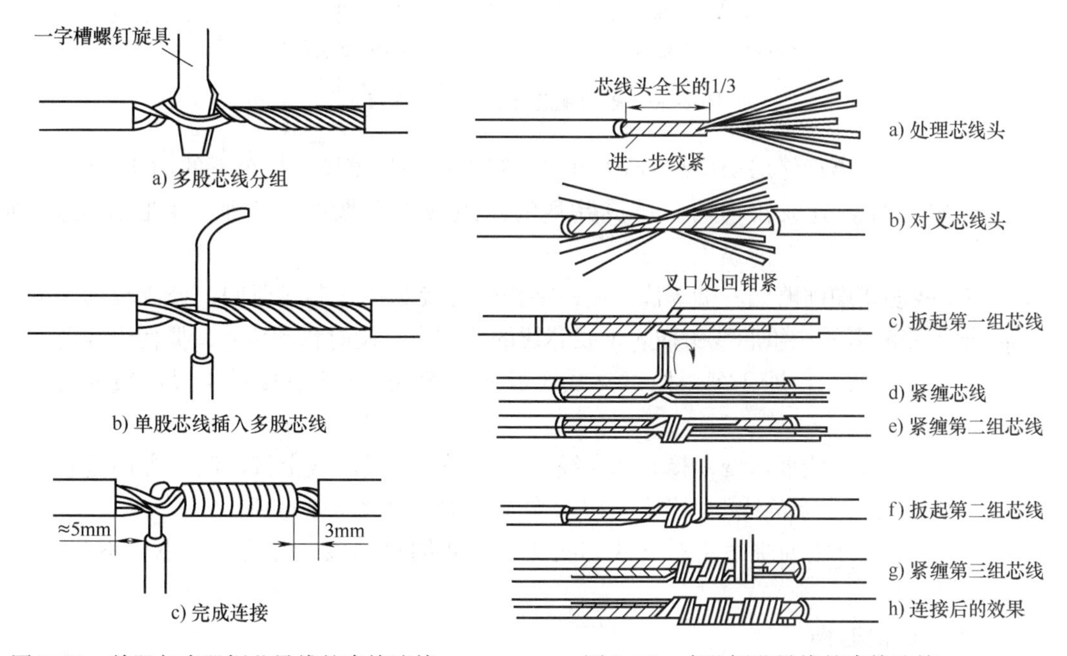

图2-34　单股与多股铜芯导线的直接连接

图2-35　多股铜芯导线的直接连接

1）先将剖去绝缘层的芯线头拉直，接着把芯线头全长的1/3根部进一步绞紧，然后把余下的2/3根部的芯线头按图2-35a所示方法分散成伞骨状，并将每股芯线拉直。

2）把两导线的伞骨状线头隔股对叉，如图2-35b所示，然后捏平两端每股芯线。

3）以7股芯线为例，先把一端的7股芯线按2～3股分成三组，接着把第一组芯线扳起，如图2-35c所示；然后按顺时针方向紧贴并缠绕两圈，再扳成与芯线垂直的直角，如图2-35d所示。

4）按照与上一步骤相同的方法继续紧缠第二和第三组芯线，但在扳起后一组芯线时，应把扳起的芯线紧贴前一组芯线已弯成直角的根部，如图2-35e和图2-35f所示。第三组芯线应紧缠三圈，如图2-35g所示。剪去每组多余的芯线端部，并钳平切口毛刺。导线的另一端连接方法相同。

（4）多股铜芯导线的分支连接　多股铜芯导线的分支连接如图 2-36 所示。先将干线在连接处按支线单根芯线直径的约 60 倍长度剥去绝缘层，支线线头绝缘层的剥离长度为干线单根芯线直径的 80 倍左右，再按以下步骤进行：

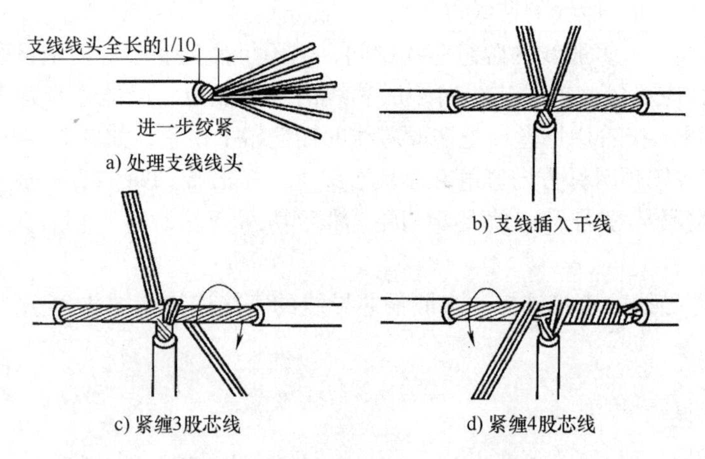

图 2-36　多股铜芯导线的分支连接

1）把支线线头离绝缘层切口约 1/10 的一段芯线进一步绞紧，把余下的约 9/10 芯线头松散，并逐根勒直后分成较均匀且排成并列的两组（如 7 股线按 3 股、4 股分组），如图 2-36a所示。

2）在干线芯线中间略偏一端部位，用一字槽螺钉旋具插入芯线股间，分成较均匀的两组。接着把支路略多的一组芯线头插入干线芯线的缝隙中，同时移动位置，要使干线芯线约以 2/5 和 3/5 分留两端，即 2/5 一段供支线 3 股芯线缠绕，3/5 一段供 4 股芯线缠绕，如图 2-36b所示。

3）先钳紧干线芯线插口处，接着把支线 3 股芯线在干线芯线上按顺时针方向垂直地紧紧排缠至 3 圈，剪去多余的线头，钳平端头，修去毛刺，如图 2-36c 所示。

4）按步骤 3）方法缠绕另 4 股支线芯线头，但要缠足四圈，芯线端口也应不留毛刺，如图 2-36d 所示。

2. 铝芯导线的连接

（1）小规格铝线的连接方法

1）截面积在 $4mm^2$ 以下的铝线，允许直接与接线柱连接，但连接前必须先清除芯线上的氧化铝薄膜。具体方法是，在芯线端头上涂抹一层中性凡士林，然后用细钢丝刷或铜丝刷刷擦芯线表面，再用清洁的棉纱或布条抹去含有氧化铝薄膜的凡士林，但不要彻底擦干净表面的凡士林。

2）各种形状接点的弯制和连接方法，均与小规格铜质导线的各种连接方法相同，可参照连接。

3）铝线质地很软，压紧螺钉虽应紧压住线头，不能使其松动，但也应避免一味拧紧螺钉而把铝线芯压扁或压断。

（2）铜线与铝线的连接　由于铜与铝在一起，铝会逐渐产生电化学腐蚀。因此，对于较大负荷的铜线与铝线连接应采用铜铝过渡接线端子。使用时，接线端子的铜端插入铜导线，铝端插入铝导线，利用局部压接法压接。

（三）接头（或端头）焊接或压接

1. 导线端头的压接

导线与接线柱的连接称为压接。接线柱又称为接线桩或接线端子，是各种电气装置或设备的导线连接点。导线与接线柱的连接是保证装置或设备安全运行的关键工序，连接必须正规可靠。

（1）导线与针孔式接线柱的连接

1）单股芯线端头折成双根并列状后，再以水平状插入承接孔，并能使并列面承受压紧螺钉的顶压。芯线端头所需长度应是两倍孔深，如图 2-37 所示。

2）芯线端头必须插到孔的底部。凡有两个压紧螺钉的针孔式接线柱，应先拧紧接近孔口的一个，再拧紧接近孔底的一个，如图 2-37 所示。

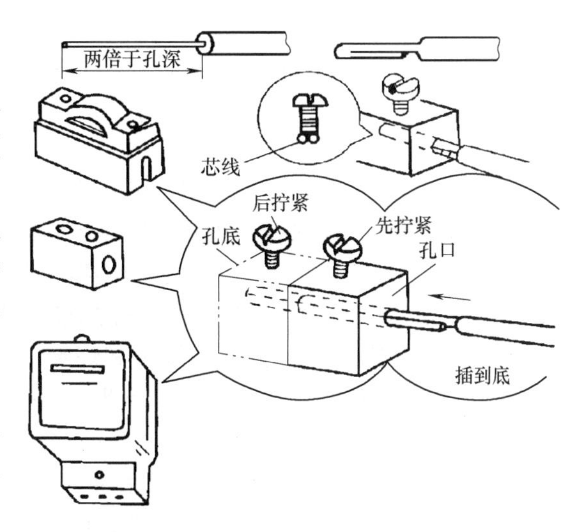

图 2-37　导线与针孔式接线柱的连接

（2）线头与螺钉平压式接线柱的连接

1）单股芯线与螺钉平压式接线柱的连接。在螺钉平压式接线柱上接线时，如果是较小截面积的单股芯线，则必须把线头弯成羊眼圈状，如图 2-38 所示。羊眼圈弯曲的方向应与螺钉拧紧的方向一致。较大截面积的单股芯线与螺钉平压式接线柱连接时，线头必须装上接线耳，由接线耳与接线柱连接。

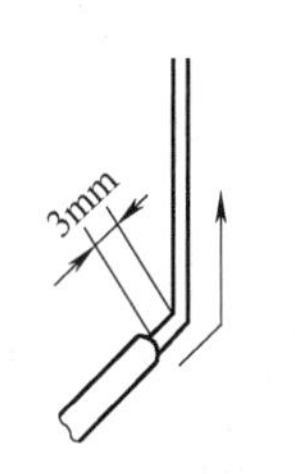

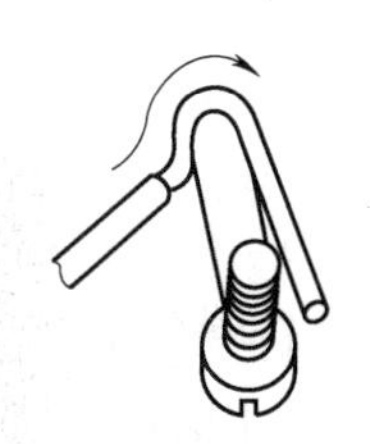
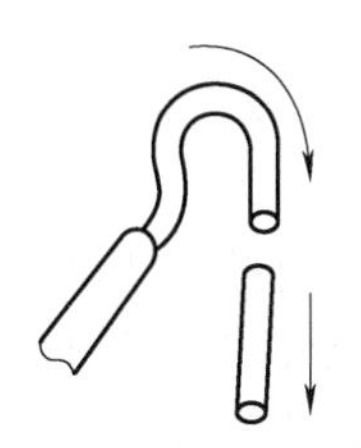

图 2-38　单股芯线羊眼圈弯法

2）多股芯线与螺钉平压式接线柱的连接。多股芯线与螺钉平压式接线柱连接时，压接圈的弯法如图 2-39 所示。

2. 导线端头的焊接

导线端头的焊接工艺指的是锡焊。锡焊是利用受热熔化的焊锡对铜、铜合金、钢、镀锌薄钢板等材料进行焊接的一种方法。锡焊接头具有良好的导电性，一定的机械强度以及对焊锡加热使其熔化后便于拆卸等优点，所以在生产上应用较广。

（1）电烙铁的选用　在电工操作中。电烙铁用于导线接头、电气元器件接点的焊接。

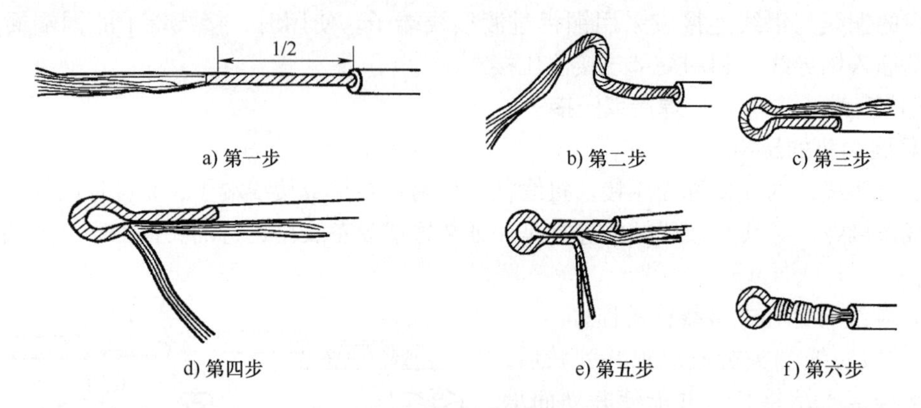

a) 第一步　b) 第二步　c) 第三步

d) 第四步　e) 第五步　f) 第六步

图 2-39　多股芯线压接圈的弯法

其工作原理是利用电流通过发热体（电热丝）产生的热量熔化焊锡后进行焊接。电烙铁形式有多种，有外热式电烙铁、内热式电烙铁和感应式电烙铁等。根据焊接对象，选择不同功率的电烙铁：当焊接点面积小时，选用小功率电烙铁；反之当焊接点面积大时，则用功率大一点的电烙铁。内热式或外热式电烙铁内部接线如图 2-40 所示。

（2）焊料的选用　焊料包括焊锡和焊剂。焊锡是由锡、铅和锑等元素组成的低熔点（185 ~260℃）合金。为了便于使用，焊锡常制成条状和盘丝状。

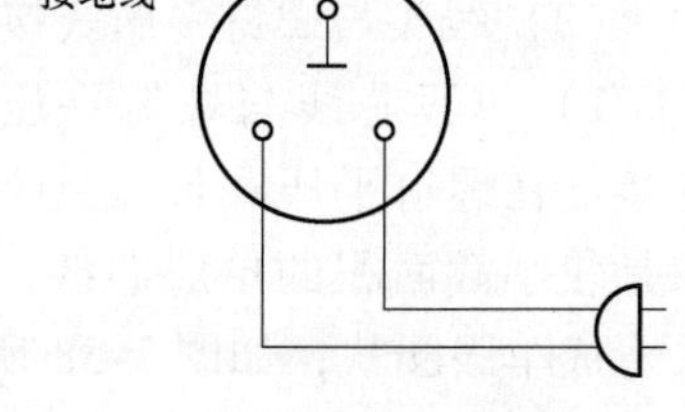

图 2-40　电烙铁内部接线

焊剂能起到清除污物和抑制工件表面氧化的作用，是保证焊接过程顺利进行和获得致密接头的辅助材料。

锡焊时常用下列三种焊剂：

1）松香液：天然松香溶解在酒精中并形成糊状的液体，其适用于铜及铜合金焊件。

2）焊锡膏：用氧化锌、树脂和脂肪类材料调和成膏剂，其适用于对绝缘及防腐要求不高的小焊件。

3）氧化锌溶液：把适量的锌放在盐酸中，发生化学反应后得到的液体，适用于薄钢板焊件。

现在为了使用方便，把焊剂直接加工到焊锡中。

（3）锡焊方法的选用　焊接前应对母材焊接处进行清洁处理，这是保证焊接质量的重要条件。常用砂布、锉刀和刀片清除焊接处的油漆或氧化层。经清洁处理后的母材要及时涂上焊剂。

常用焊接方法有：

1）电烙铁加焊。电烙铁操作很方便，适用于薄板和铜导线的焊接。焊接时要注意控制焊锡的熔化温度。过高的温度易使焊锡氧化而失去焊接能力；过低的温度会造成虚焊，降低焊接质量。

2）粘焊。粘焊时用加热设备（如电炉、煤炉等），将容器中的焊锡熔化，再将涂有焊剂的焊接头浸入熔化的焊锡中实现焊接。这种焊接法生产率很高，焊接质量也较好。

3）喷灯加焊。喷灯是一种喷射火焰的加热工具。加焊时先用喷灯将母材加热并不时地涂擦焊剂，当达到合适温度时，将焊锡接触母材使之熔化并铺满焊接处。这种方法适合较大尺寸母材的焊接。

（4）锡焊注意事项　焊接时，要注意下面几点：

1）使用电烙铁时一般用松香作为焊剂，特别是电线接头、电子元器件的焊接，一定要用松香作为焊剂，严禁用盐酸等带有腐蚀性的焊锡膏焊接，以免腐蚀印制电路板或使电气线路短路。

2）电烙铁在焊接铁、锌等金属物质时，可用焊锡膏焊接。

3）如果在焊接中发现纯铜制的烙铁头氧化不易粘锡时，可用锉刀锉去氧化层，在酒精内浸泡后再用，切勿浸入酸性溶液内浸泡以免腐蚀烙铁头。

4）焊接电子元器件时，最好选用低温焊丝，头部涂上一层薄锡后再焊接。焊接场效应晶体管时，应将电烙铁电源线插头拔下，利用余热去焊接，以免损坏管子。

（5）导线的封端操作　安装好的配线最终要与电气设备相连，以保证导线线头与电气设备接触良好并具有较强的力学性能。对于多股铝线和截面积大于 2.5mm^2 的多股铜线，都必须在导线终端焊接或压接一个接线端子，再与设备相连，这种工艺过程叫作导线的封端。

1）铜导线的封端。

① 锡焊法。锡焊前，先将导线表面和接线端子孔用砂布擦干净，涂上一层无酸焊锡膏，将线芯搪上一层锡；然后把接线端子放在喷灯火焰上加热，当接线端子烧热后，把焊锡熔化在端子孔内，并将搪好锡的线芯慢慢插入，待焊锡完全渗透到线芯缝隙中后，即可停止加热。

② 压接法。将表面清洁且已加工好的线头直接插入内表面已清洁的接线端子孔，然后用压接钳压接。

2）铝导线的封端。

铝导线一般用压接法封端。压接前，剥离导线端部的绝缘层，其长度为接线端子孔的深度加上 5mm，除掉导线表面和端子内壁的氧化膜，涂上中性凡士林，再将线芯插入接线端子孔内，用压接钳进行压接。当铝导线出线端与设备铜端子连接时，由于存在电化腐蚀问题，因此应采用预制好的铜铝过渡接线端子，压接方法同前文所述。

（四）导线绝缘层的恢复

导线的绝缘层，因连接需要被剥离后，或遭到意外损伤后，均需恢复绝缘层，且经恢复的绝缘性能不能低于原有标准。在低压电路中，常用的恢复材料有黄蜡布带、聚氯乙烯塑料带和黑胶布等多种，一般采用 20mm 这种规格。其包缠方法如下：

1）包缠时。先将绝缘带从左侧的完好绝缘层上开始包缠，应包入绝缘层 30 ~ 40mm。包缠绝缘带时，要用力拉紧，绝缘带与导线之间应保持约 45°倾斜，如图 2-41a 所示。

2）进行每圈斜叠包缠，后一圈必须压叠住前一圈的 1/2 带宽，如图 2-41b 所示。

3）包至另一端时必须包入与始端同样长度的绝缘带，然后接上黑胶布，并应使黑胶布包出绝缘带层至少半根带宽，即必须使黑胶布完全包没绝缘带，如图 2-41c 所示。

4）黑胶布也必须进行 1/2 叠包，包到另一端也必须完全包没绝缘带。收尾后应用双手的拇指和食指紧捏黑胶布两端口，进行一正一反方向拧旋，利用黑胶布的黏性将两端口充分密封起来，尽可能不让空气流通，如图 2-41d 所示。

在实际应用中，为了保证经恢复的导线绝缘层的绝缘性能达到或超过原有标准。一般均包两层绝缘带后再包一层黑胶布。

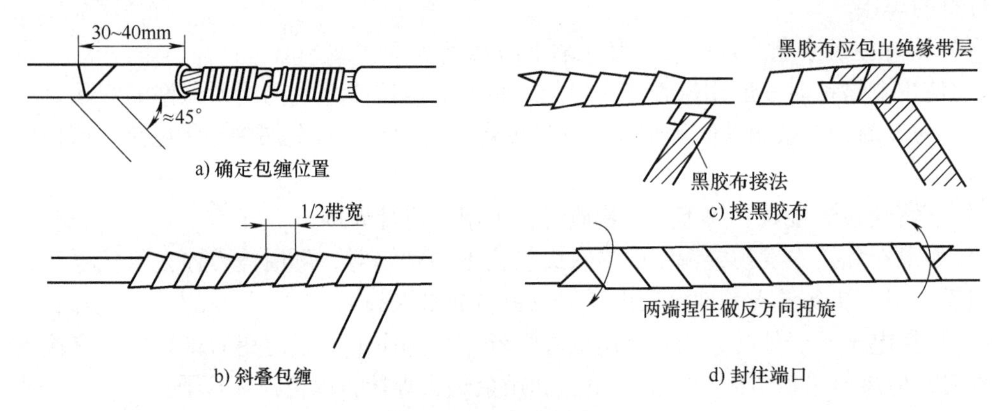

图 2-41　导线绝缘层的恢复

2.2.3　常用电工仪表

（一）万用表

万用表是电工在安装、维修电气设备时用得最多的工具。其用途广、便于携带，除可测量电阻、交直流电流、电压外，还可测量音频电平、电感、电容和晶体管的 β 值。以数字式万用表（MS8261 型）为例。

1. 面板结构

MS8261 型数字式万用表的面板如图 2-42 所示。

2. 使用方法

（1）检验好坏　首先应检查数字式万用表外壳及表笔是否有损伤，然后再做如下检查：

1）将电源开关打开，显示器应有数字显示。若显示器出现低电压符号，应及时更换电池。

2）表笔孔旁的“MAX”符号，表示测量时被测电路的电流、电压不得超过量程规定值，否则将损坏内部测量电路。

3）测量时，应选择合适的量程，若不知被测值的大小，可将转换开关置于最大量程挡，在测量过程中按需要逐步下调。

4）如果显示器显示“1”，一种情况是表示量程偏小，称为“溢出”，需选择较大的量程；另一种情况是表示无穷大。

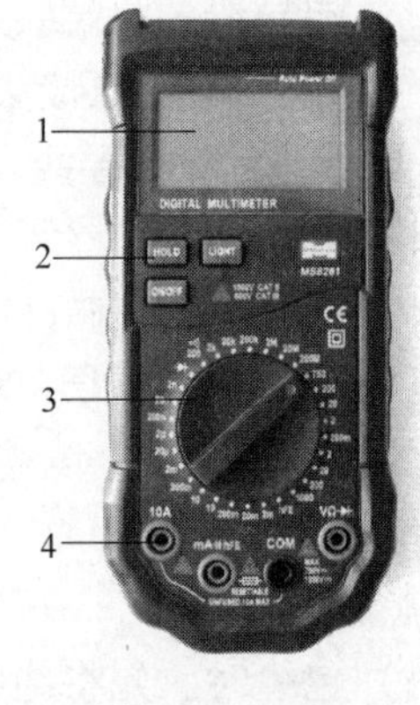

图 2-42　MS8261 型数字式万用表的面板
1—液晶显示器　2—功能键
3—转换开关　4—输入插孔

（2）直流电压的测量　直流电压的测量范围为 0 ~ 1000V，共分五挡，被测量值不得高于 1000V 的直流电压。

1）将黑表笔插入 COM 插孔，红表笔插入 V/Ω 插孔。

2）将转换开关置于直流电压挡的相应量程。

3）将表笔并联在被测电路的两端，红表笔接高电位端，黑表笔接低电位端。

（3）直流电流的测量　直流电流的测量范围为 0 ~ 10A，共分四挡。

1）范围为 0 ~ 200mA 时，将黑表笔插入 COM 插孔，红表笔插“mA”插孔；测量范围为 200mA ~ 10A 时，红表笔应插“10A”插孔。

2）转换开关置于直流电流挡的相应量程。

3）两表笔与被测电路串联，且红表笔接电流流入端，黑表笔接电流流出端。

4）被测电流大于所选量程时，电流会烧坏内部熔丝。

（4）交流电压的测量　测量范围为 0～750V，共分五挡。

1）将黑表笔插入 COM 插孔，红表笔插入 V/Ω 插孔。

2）将转换开关置于交流电压挡的相应量程。

3）红黑表笔不分极性且与被测电路并联。

（5）交流电流的测量　测量范围为 0～10A，共分三挡。

1）表笔插法与“直流电流测量”相同。

2）将转换开关置于交流电流挡的相应量程。

3）表笔与被测电路串联，红黑表笔不需要考虑极性。

（6）电阻的测量　测量范围为 0～200MΩ，共分七挡。

1）黑表笔插入 COM 插孔，红表笔插入 V/Ω 插孔。

2）将转换开关置于电阻挡的相应量程。

3）表笔开路或被测电阻值大于量程时，显示为“1”。

4）仪表与被测电路并联。

5）严禁被测电阻带电，且所得阻值直接读数无须乘倍率。

6）测量大于 1MΩ 电阻值时，几秒钟后读数方能稳定，属于正常现象。

（7）电容的测量　测量范围为 0～2nF，共分五挡。

1）将转换开关置于电容挡的相应量程。

2）将待测电容两引脚插入 CX 插孔即可读数。

（8）二极管测试和电路通断检查

1）将黑表笔插入 COM 插孔，红表笔插入 V/Ω 插孔。

2）将转换开关置于二极管符号和“200Ω 挡”位置。

3）红表笔接二极管正极，黑表笔接其负极，则可测得二极管正向压降的近似值。

4）将两只表笔分别触及被测电路两点，若两点电阻值小于 70Ω 时，表内蜂鸣器发出叫声则说明电路是通的；反之，则不通。以此可用来检查电路通断。

（9）晶体管共发射极直流电流放大系数的测试

1）将转换开关置于 h_{FE} 位置。

2）测试条件为从 $I_b=10\mu A$，$U_{CE}=2.8V$。

3）三只引脚分别插入仪表相应插孔，显示器将显示出 h_{FE} 的近似值。

3. 注意事项

1）数字式万用表内置电池后方可进行测量工作，使用前应检查电池电源是否正常。

2）检查仪表正常后方可接通仪表电源开关。

3）用导线连接被测电路时，导线应尽可能短，以减少测量误差。

4）接线时先接地线端，拆线时后拆地线端。

5）测量小电压时，逐渐减小量程，直至合适为止。

6）数显表和晶体管（电子管）电压表过负荷能力较差。为防止损坏仪表，通电前应将量程选择开关置于最高电压挡位置，并且每测一个电压以后，应立即将量程开关置于最高挡。

7）多数电压表均测量电压有效值（有的仪表测量的基本量为最大值或平均值）。

（二）钳形电流表

钳形电流表的精确度虽然不高（通常为2.5级或5.0级），但由于它具有不需要切断电流即可测量的优点，所以得到了广泛的应用。例如，用钳形电流表测试三相异步电动机的三相电流是否正常，测量照明线路的电流平衡程度等。

钳形电流表按结构原理的不同，分为交流钳形电流表和交、直流两用钳形电流表。图3-30所示为钳形电流表的结构。

1. 测量原理及使用

钳形电流表主要由一只电流互感器和一只电磁式电流表组成，如图2-43a所示。电流互感器的一次绕组为被测导线，二次绕组与电流表相连接，电流互感器的电流比可以通过旋钮来调节，量程从1A至几千安。

测量时，按动扳手，打开钳口（见图2-43b），将被测载流导线置于钳口中。当被测导线中有交变电流通过时，在电流互感器的铁心中便有交变磁通通过，互感器的二次绕组中感应出电流。该电流通过电流表的绕组，使指针发生偏转，在表盘标度尺上指出被测电流值。

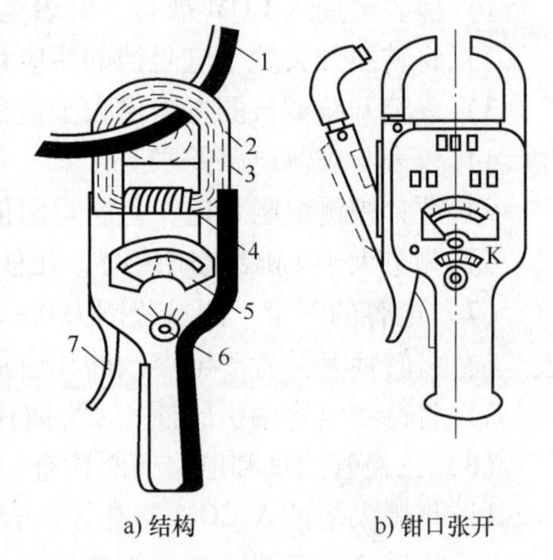

图2-43　钳形电流表的结构

1—载流导线　2—铁心　3—磁通　4—绕组　5—电流表　6—旋钮　7—扳手

2. 使用注意事项

1）测量前，应检查仪表指针是否在零位。若不在零位，则应调到零位，同时应对被测电流进行粗略估计，选择适当的量程。如果被测电流无法估计，则应先把钳形电流表置于最高挡，逐渐调整切换，至指针在刻度的中间段为止。

2）应注意钳形电流表的电压等级，不得将低电压表用于测量高压电路的电流。

3）每次只能测量一根导线的电流，不可将多根载流导线都夹入钳口测量。被测导线应置于钳口中央，否则误差将很大（大于5%）。当导线夹入钳口时，若发现有振动或碰撞声，应将仪表扳手转动几下，或重新开合一次，直到没有噪声才能读取电流值。测量大电流后，如果立即测量小电流，应开合钳口数次，以消除铁心中的剩磁。

4）在测量过程中不得切换量程，以免造成二次回路瞬间开路，感应出高电压而击穿绝缘。必须变换量程时，应先将钳口打开。

5）在读取电流读数困难的场所测量时，可先用制动器锁住指针，然后到读数方便的地点读值。

6）若被测导线为裸导线，则必须事先将邻近各相用绝缘板隔离，以免钳口张开时出现相间短路。

7）测量时，如果附近有其他载流导线，所测值会受载流导体的影响产生误差。此时，应将钳口置于远离其他导体的一侧。

8）每次测量后，应把调节电流量程的切换开关置于最高挡位，以免下次使用时因未选择量程就进行测量而损坏仪表。

9）有电压测量挡的钳形表，电流和电压要分开测量，不得同时测量。

10）测量时，应戴绝缘手套，站在绝缘垫上。读数时要注意安全，切勿触及其他带电体。

（三）绝缘电阻表

绝缘电阻表是专门用来测量电气线路和各种电气设备绝缘电阻的便携式仪表。它的计量单位是兆欧（MΩ），所以俗称兆欧表。

1. 绝缘电阻表的组成和测量原理

绝缘电阻表的主要组成部分是一个磁电式流比计和一只手摇发电机。发电机是绝缘电阻表的电源，可以采用直流发电机，也可以用交流发电机并与整流装置配用。直流发电机的功率很小，但电压很高（100～5000V）。磁电式流比计是绝缘电阻表的测量机构，由固定的永久磁铁和可在磁场中转动的两个线圈组成。绝缘电阻表的外形和线路如图 2-44 和图 2-45 所示。

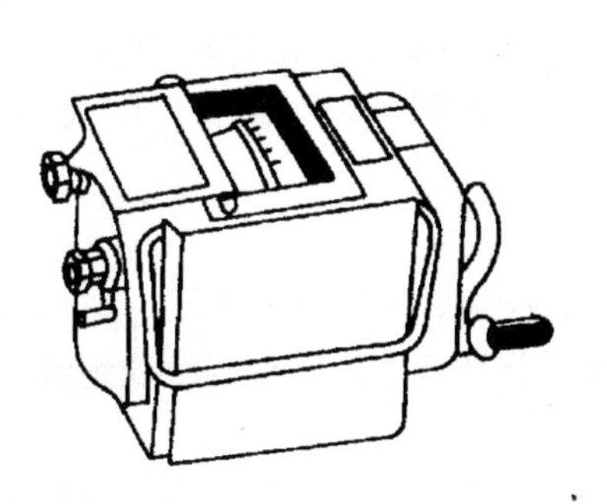

图 2-44　绝缘电阻表的外形

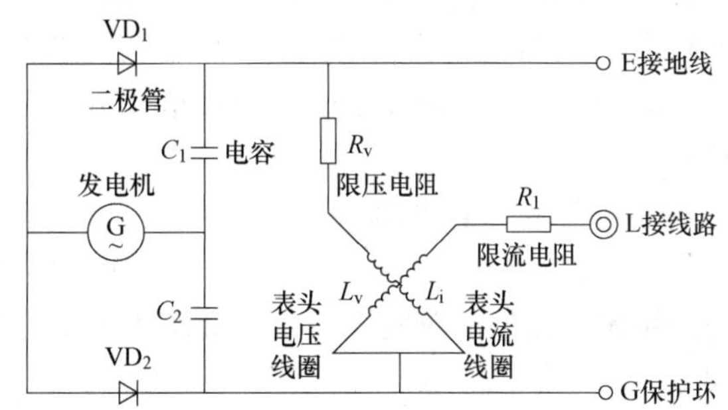

图 2-45　绝缘电阻表线路

当用手摇动发电机时，两个线圈中同时有电流通过，在两个线圈上产生方向相反的转矩；表针就随着两个转矩的合成转矩的大小而偏转某一角度，这个偏转角度取决于上述两个线圈中电流的比值。由于附加电阻的阻值是不变的，所以，电流值仅取决于待测电阻阻值的大小。

值得一提的是，绝缘电阻表测得的是在额定电压作用下的绝缘电阻值。万用表虽然也能测数千欧的绝缘电阻值，但它所测得的绝缘电阻，只能作为参考。因为万用表所使用的电池电压较低，绝缘材料在电压较低时不易击穿，而一般被测量的电气线路和电气设备均要在较高电压下运行，所以，绝缘电阻只能用绝缘电阻表来测量。

2. 使用方法和注意事项

（1）绝缘电阻表的选择

1）电压等级的选择。绝缘电阻表的选择应以所测电气设备的电压等级为依据。通常，额定压在 500V 以下的电气设备，选用 500V 或 1000V 的绝缘电阻表；额定电压在 500V 以上的电设备，选用 1000V 或 2500V 的绝缘电阻表。电气设备究竟选用哪种电压等级的绝缘电阻表来测量绝缘电阻，有关规程都有具体说明，按说明选用即可。

必须指出，切不可任意选用电压过高的绝缘电阻表，以免将被测设备的绝缘击穿而造成事故；同样，也不得选用电压过低的绝缘电阻表，否则无法测出被测对象在额定工作电压下的实际绝缘阻值。

2）量程的选择。所选量程不宜过多地超出被测电气设备的绝缘电阻值，以免产生较大误差。测量低压电气设备的绝缘电阻时，一般可选用0～200MΩ挡；测量高压电气设备的绝缘电阻时，一般可选用0～2500MΩ挡。有些绝缘电阻表的刻度不是从零开始，而是从1MΩ或2MΩ开始。这种绝缘电阻表不宜用来测量潮湿环境中低压电气设备的绝缘电阻。因为在潮湿环境下电气设备的绝缘电阻值有可能小于1MΩ，测量时在仪表上得不到读数，容易误认为绝缘电阻值为0而得出错误的结论。

（2）测量前的准备

1）测量前，应切断被测设备的电源，并进行充分放电（需2～3min），以确保人身和设备的安全。

2）擦拭被测设备的表面，使其保持清洁、干燥，以减小测量误差。

3）将绝缘电阻表放置平稳，远离带电导体和磁场，以免影响测量的准确度。

4）对有可能感应出高电压的设备，应采取必要的防护措施。

5）对绝缘电阻表进行一次开路和短路试验，以检查绝缘电阻表是否良好。试验时，先将绝缘电阻表“线路（L）”“接地（E）”两端钮开路，摇动手柄，指针应指在“∞”位置；再将两端钮短接，缓慢摇手柄，指针应指在“0”处。否则，表明绝缘电阻表有故障，应进行检修。

（3）测量方法和注意事项

1）绝缘电阻表接线柱与被测设备之间的连接导线，不可使用双股绝缘线、平行线或绞线，而应选用绝缘良好的单股铜线，并且两条测量导线要分开连接，以免因绞线绝缘不良引起测量误差。

2）摇动手柄的速度应由慢逐渐加快，一般保持转速在120r/min左右为宜，在稳定转速1min后即可读数。如果被测设备短路，指针摆到“0”，应立即停止摇动手柄，以免烧坏仪表。

3）绝缘电阻表上有分别标有“接地（E）”“线路（L）”和“保护环（G）”的三个端钮。测量线路对地的绝缘电阻时，将被测线路接于L端钮上，E端钮与地线相接，如图2-46a所示。测量电动机定子绕组与机壳间的绝缘电阻时，将定子绕组接在E，L端钮上，机壳与E端连接，如图2-46b所示。测量电缆芯线对电缆绝缘保护层的绝缘电阻时，将L端钮与电缆芯线连接，E端钮与电缆绝缘保护层外表面连接，将电缆内层绝缘层表面接于保护环端钮G上，如图2-46c所示。

4）测量电容器的绝缘电阻时应注意，电容器的击穿电压必须大于绝缘电阻表发电机发出的额定电压值。测试完成后，应先取下绝缘电阻表表线再停止摇动手柄，以免已充电的电容向绝缘电阻表放电而损坏仪表。

5）同杆架设的双回路架空线和双母线，当一路带电时，不得测试另一路的绝缘电阻，以防感应高压危害人身安全和损坏仪表。

6）测量时，所选用绝缘电阻表的型号、电压值以及当时的天气、温度、湿度和测得的绝缘电阻值，都应一一记录下来，并据此判断被测设备的绝缘性能是否良好。

7）测量工作一般由两人完成。测量完毕，只有在绝缘电阻表完全停止转动和被测设备

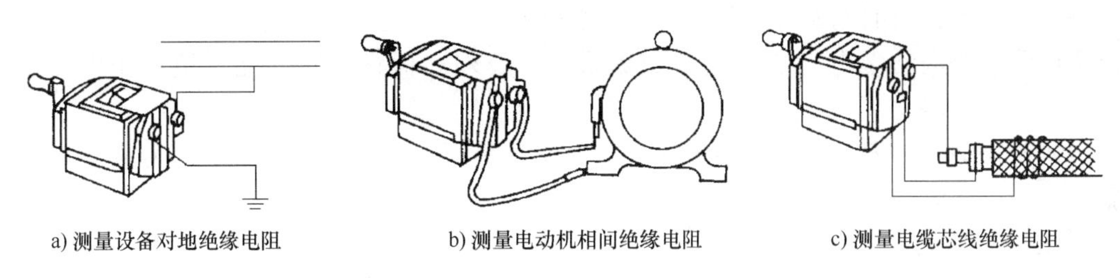

a) 测量设备对地绝缘电阻　　b) 测量电动机相间绝缘电阻　　c) 测量电缆芯线绝缘电阻

图 2-46　绝缘电阻表测量绝缘电阻的接线

对地充分放电后，才能拆线。被测设备放电的方法是用导线将测点与地（或设备外壳）短接 2 ~ 3min。

（四）电能表

电能表俗称电度表，是用来测量用电量的仪表。

1. 电能表的分类

（1）按用途分　分为有功电能表和无功电能表。

（2）按结构分　分为单相电能表和三相电能表。

照明电路中使用的是单相电能表，有机械式、电子式两种，如图 2-47 所示。

常见的型号为 DDS666 的电子式电能表是用于测量额定频率为 50Hz，额定电压为 220V 单相交流有功电能。型号的含义：666 是设计序号，S 表示电子式，第二个 D 表示单相表，第一个 D 是电能表的意思。

2. 单相电能表的接线

接线方法一般采用两种，一种是 1、3 接进线，2、4 接出线（我国采用）接线如图 2-48 所示；另一种是 1、2 接进线，3、4 接出线（英、美采用）。

a) 机械式

b) 电子式

图 2-47　单相电能表

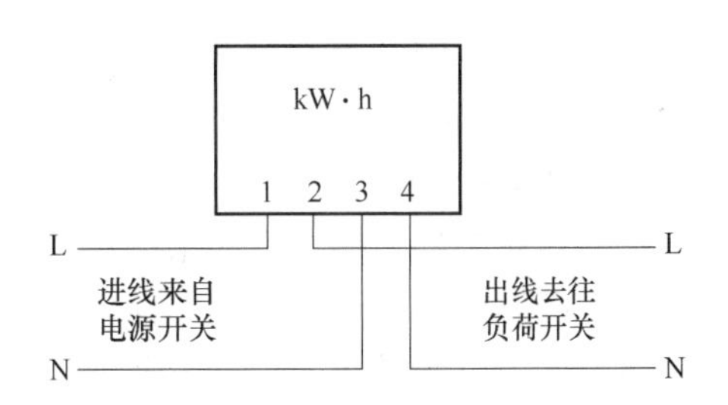

图 2-48　我国采用的单相电能表接线方法

3. 新型电能表

（1）长度式机械电能表　这种电能表是在充分吸收国内外电能表设计选材和制造经验的基础上开发的，具有宽负荷、长寿命、低功耗、高精度等优点。

（2）静止式电能表　这种电能表借助于电子电能计量先进的机理，继承传统感应式电能表的优点，具有良好的抗电磁干扰性能。它是一种集节电、可靠、轻巧、高精度、高过载、防窃电等优点为一体的新型电能表。

(3) 电子预付费电能表（又称为IC卡表或磁卡表） 它不仅有电子式电能表的各种优点，而且采用先进的微电子技术进行数据采集、处理和保存，实现先付费后用电的管理功能。

(4) 防窃型电能表 它是一款集防窃与计量功能于一体，可有效防止违章窃电行为的电能表。

4. 电能的测量

耗电量为一定功率的电，在一定时间内所做的功。电能表的数值单位是kW·h。1kW·h表示1kW功率的电在1h内所做的功。

2.3 常用低压电器

2.3.1 电器的分类

凡是对电能的生产、输送、分配和应用起到控制、调节、检测、转换及保护作用的器件均称为电器。

电器的用途广泛，种类繁多，构造各异，功能多样。通常可按以下几种方法进行分类：

1. 按工作电压分类

1）低压电器是指工作电压在交流1000V、直流1200V以下的电器。低压电器常用于低压供配电系统和机电设备自动控制系统中，实现电路的保护、控制、检测和转换等。例如，各种刀开关、按钮、继电器、接触器等。

2）高压电器是指工作电压在交流1000V、直流1200V以上的电器。高压电器常用于高压供配电电路中，实现电路的保护和控制等。例如，高压断路器、高压熔断器等。

2. 按动作方式分类

1）手动电器：这类电器的动作是由工作人员手动操纵的，例如刀开关、组合开关及按钮等。

2）自动电器：这类电器是按照操作指令或参量变化信号自动动作的，例如接触器、继电器、熔断器和行程开关等。

3. 按作用分类

1）执行电器是用来完成某种动作或传递功率。例如，电磁铁、电磁离合器等。

2）控制电器是用来控制电路的通断。例如，开关、继电器等。

3）主令电器是用来控制其他自动电器的动作，以发出控制“指令”。例如，按钮、行程开关等。

4）保护电器是用来保护电源、电路及用电设备，使它们不致在短路、过负荷等状态下运行遭到损坏。例如，熔断器、热继电器等。

4. 按工作环境分类

1）一般用途的低压电器是用于海拔不超过2000m；周围环境温度在-25~40℃；空气相对湿度为90%；安装倾斜度不大于5°；无爆炸危险的介质及无显著摇动和冲击振动的场合。

2）特殊用途的电器是在特殊环境和工作条件下使用的各类低压电器，通常是在一般用途的低压电器基础上派生而成，如防爆电器、船舶电器、化工电器、热带电器、高原电器以及牵引电器等。

2.3.2　低压电器的结构特点和性能参数

（一）低压电器的结构特点

低压电器在结构上种类繁多，且没有固定的结构形式。因此，在讨论各种低压电器的结构时显得较为烦琐。但是，从低压电器各组成部分的作用上去理解，其一般有感受部分、执行部分和灭弧机构三个基本组成部分。

1. 感受部分

用来感受外界信号并根据外界信号作特定的反应或动作。不同的电器，感受部分结构不一样。对手动电器来说，操作手柄就是感受部分；而对电磁式电器而言，感受部分一般指电磁机构。

2. 执行部分

根据感受机构的指令，对电路进行“通断”操作。对电路实行“通断”控制的工作由触点来完成，所以，执行部分一般是指电器的触点。

3. 灭弧机构

触点在一定条件下断开电流时往往伴随有电弧或火花。电弧或火花对断开电流的时间和触点的使用寿命都有极大的影响，特别是电弧，必须及时熄灭。用于熄灭电弧的机构称为灭弧机构。

（二）低压电器的性能参数

从某种意义上说，可以将低压电器定义为根据外界信号的规律（有无或大小等），实现电路通断的一种“开关”。

低压电器种类繁多，控制对象的性质和要求也不一样。为正确、合理、经济地使用电器，每一种电器都有一套用于衡量电器性能的技术指标。电器主要的技术参数有额定绝缘电压、额定工作电压、额定发热电流、额定工作电流、通断能力、电气寿命和机械寿命等。

1. 额定绝缘电压

这是一个由电器结构、材料、耐压等因素决定的名义电压值。额定绝缘电压是电器最大的额定工作电压。

2. 额定工作电压

低压电器在规定条件下长期工作时，能保证电器正常工作的电压值称为额定工作电压，通常是指主触点的额定电压。有些电磁机构的控制电器还规定了吸引线圈的额定电压。

3. 额定发热电流

在规定条件下，低压电器长时间工作，各部分的温度不超过极限值时所能承受的最大电流值称为额定发热电流。

4. 额定工作电流

额定工作电流是指保证低压电器在正常工作时的电流值。相同电器在不同的使用条件下，有不同的额定电流等级。

5. 通断能力

低压电器在规定的条件下，能可靠接通和分断的最大电流称为通断能力。通断能力与电器的额定电压、负荷性质、灭弧方法等有很大关系。

6. 电气寿命

低压电器在规定条件下，在不需修理或更换零件时的负荷操作循环次数称为电气寿命。

7. 机械寿命

低压电器在需要修理或更换机械零件前所能承受的负荷操作次数称为机械寿命。

2.3.3 典型低压电器

（一）刀开关

刀开关俗称闸刀开关，是结构最简单、应用最广泛的一种手动电器。它适用于频率为50Hz或60Hz、额定电压为380V（直流为440V）、额定电流在150A以下的配电装置中，主要作为电气照明电路、电热回路的控制开关，也可作为分支电路的配电开关，具有短路或过负荷保护功能。在降低功率的情况下，刀开关还可作为小功率（功率在5.5kW及以下）动力电路不频繁起动的控制开关，在低压电路中，刀开关常用作电源引入开关，也可用于不频繁接通的小功率电动机或局部照明电路的控制开关。

1. 刀开关的主要结构

刀开关主要由手柄、熔丝、静触点（触点座）、动触点（触刀片）、瓷底座和胶盖组成。胶盖使电弧不致飞出灼伤操作人员，并防止极间电弧短路；熔丝对电路起短路保护作用。

常用的刀开关有开启式负荷开关和封闭式负荷开关。

开启式负荷开关俗称瓷底胶盖闸刀开关，由刀开关和熔断器组合而成。瓷质底座（瓷底）上装有静触点、熔丝接头、瓷质手柄（瓷柄）等，并有上、下胶盖，其结构如图2-49a所示，电气符号如图2-49b所示。

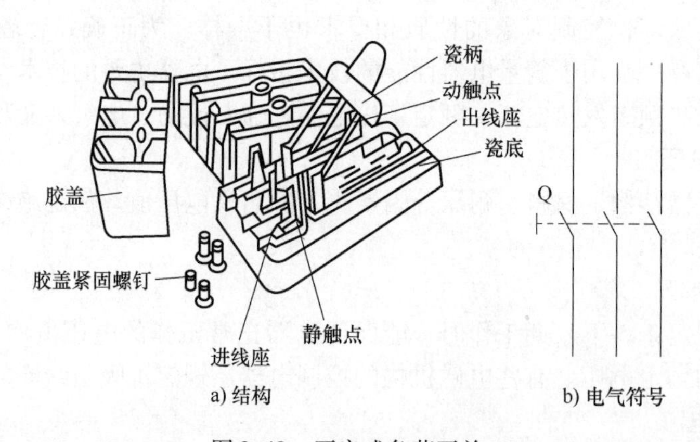

图2-49　开启式负荷开关

这种开关易被电弧烧坏，因此不宜带负荷接通或分断电路；但其结构简单，价格低廉，安装、使用、维修方便，常用作照明电路的电源开关，也用于5.5kW以下三相异步电动机不频繁起动和停止的控制。在拉闸与合闸时动作要迅速，以利于迅速灭弧，减少刀片和触座的灼损。

封闭式负荷开关俗称铁壳开关。它由刀开关、熔断器、灭弧装置、操作机构和钢板（或铸铁）做成的外壳构成。这种开关的操作机构中，在手柄轴与底座间装有速动弹簧，使刀开关的接通和断开速度与手柄操作速度无关，这样有利于迅速灭弧。为了保证用电安全，装有机械联锁装置，必须将壳盖闭合后，手柄才能（向上）合闸，只有当手柄（向下）拉闸后，壳盖才能打开，其结构如图2-50所示。

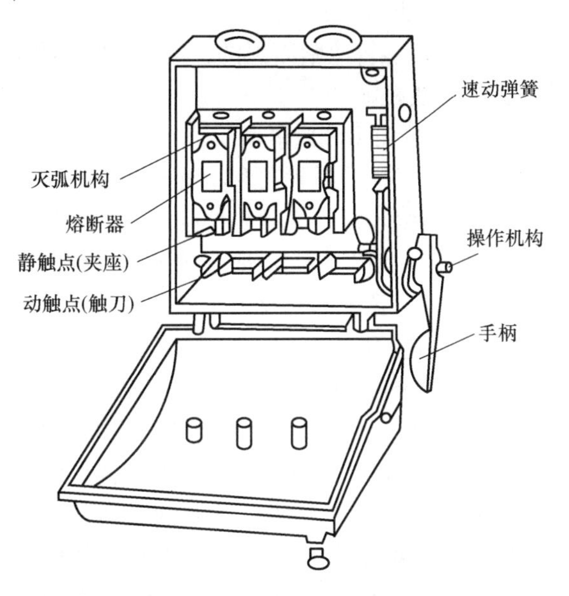

图2-50 封闭式负荷开关的结构

2. 刀开关的主要技术参数和型号含义

（1）额定电压 是指刀开关长期工作时能承受的最大电压。

（2）额定电流 是指刀开关在合闸位置时允许长期通过的最大电流。

（3）断电流能力 是指刀开关在额定电压下能可靠分断最大电流的能力。

（4）型号含义 负荷开关可分为二极和三极两种，二极式额定电压为250V，三极式额定电压为500V。常用刀开关的型号为HK和HH系列，其型号含义如下：

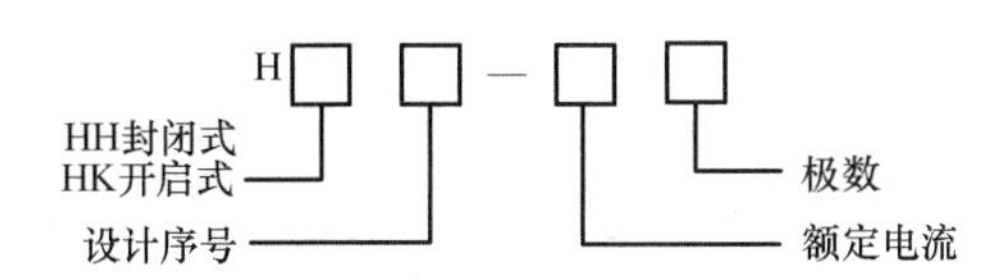

例如HK1—30/20，“HK”表示开关类型为开启式负荷开关，“1”表示设计序号，“30”表示额定电流为30A，“2”表示单相，“0”表示不带灭弧罩。

3. 刀开关的选用

（1）额定电压的选取 刀开关的额定电压要大于或等于线路实际的最高电压。控制单相负荷时，选用250V二极开关；控制三相负荷时，选用500V三极开关。

（2）额定电流的选取

1）当作为隔离开关使用时，刀开关的额定电流要稍大于或等于线路实际的工作电流。当直接用其控制小功率（小于5.5kW）电动机的起动和停止，则需要选择电流容量比电动机额定值大的刀开关。

2）用于控制照明电路或其他电阻性负荷时，开关熔丝额定电流应不小于各负荷额定电流之和。若控制电动机或其他电感性负荷，开启式负荷开关的额定电流为电动机额定电流的3倍，封闭式负荷开关额定电流可选电动机额定电流的1.5倍左右。若负荷为多台电动机，则其开关的熔丝额定电流是功率最大一台电动机额定电流的2.5倍。

4. 刀开关的安装方法

选择开关前，应注意检查触刀与静触点接触是否良好，是否同步。如有问题，应予以修理或更换。

安装时，瓷底应与地面垂直，手柄向上推为合闸，不得倒装和平装。因为触刀正装便于灭弧，而倒装或横装时灭弧比较困难，易烧坏触点；再则因刀片的自重或振动，可能导致误合闸而引发危险。

接线时，螺钉应紧固到位，电源进线必须接触刀上方的静触点接线柱，通往负荷的引线接下方的接线柱。

5. 刀开关使用注意事项

1）安装后应检查触刀和静触点是否成直线和紧密可靠连接。

2）更换熔丝时，必须先拉闸断电后，按原规格安装熔丝。

3）开启式负荷开关不适合用来直接控制 5. 5kW 以上的交流电动机。

4）合闸、拉闸动作要迅速，使电弧很快熄灭。

（二）组合开关

组合开关包括转换开关和倒顺开关。其特点是用动触片的旋转代替刀开关的推合和拉开，实质上是一种由多组触点组合而成的刀开关。这种开关可用作交流 50Hz、380V 和直流 220V 以下的电路电源引入开关，或控制 5. 5kW 以下小功率电动机的直接起动，以及电动机正、反转控制和机床照明电路控制。额定电流有 6A、10A、15A、25A、60A 和 100A 等多种。在电气设备中作为电源引入开关，主要用于非频繁接通和分断电路。在机床电气系统中，组合开关多用作电源开关，一般不带负荷接通或断开电源，而是在开车前空载接通电源，在应急、检修或长时间停用时，空载断开电源。其优点是体积小、寿命长、结构简单、操作方便、灭弧性能较好，多用于机床控制电路。

1. 转换开关的结构

它主要由手柄、转轴、弹簧、凸轮、绝缘垫板、动触片、静触片及接线柱等组成。当转动手柄时，每层的动触片随方形转轴一起转动，或使动触片插入静触片中，使电路接通；或使动触片离开静触片，使电路分断。各极同时通断。

HZ5—30/3 型转换开关的外形如图 2-51a 所示，结构如图 2-51b 所示，电气符号如图 2-51c所示。

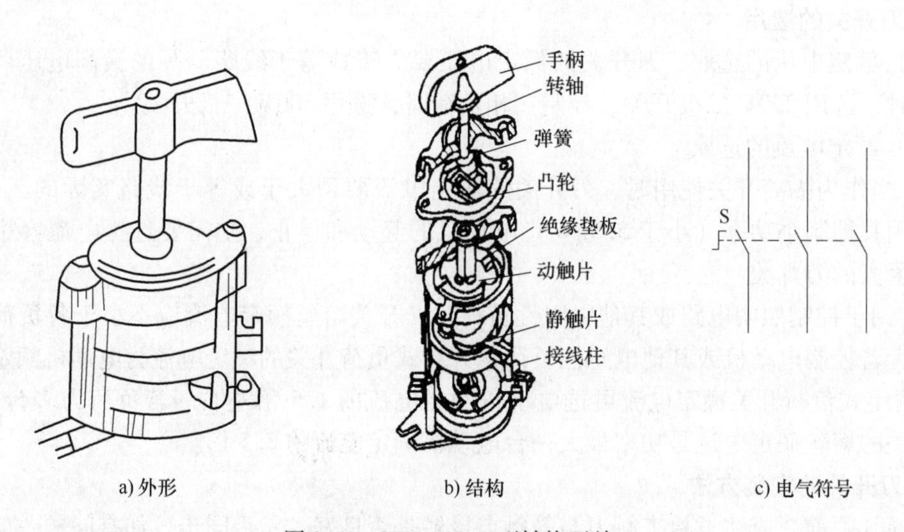

a) 外形　　b) 结构　　c) 电气符号

图 2-51　HZ5—30/3 型转换开关

倒顺开关又称为可逆转开关，是组合开关的一种特例，多用于机床的进刀、退刀，电动机的正、反转和停止的控制或升降机的上升、下降和停止的控制，也可作为控制小电流负荷的负荷开关，其外形和结构如图2-52a所示，电气符号如图2-52b所示。

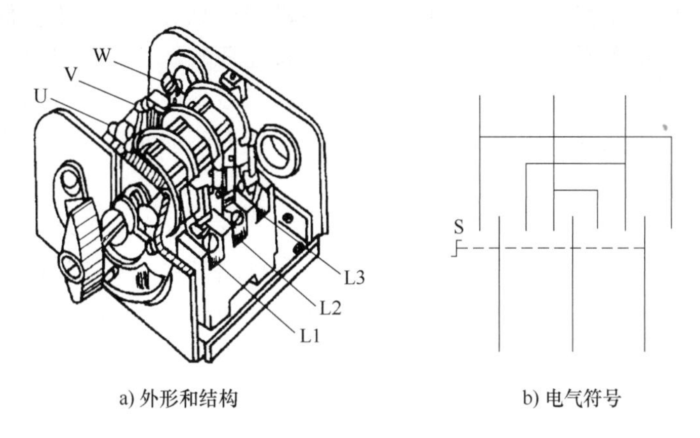

a) 外形和结构　　　　b) 电气符号

图2-52　倒顺开关

2. 组合开关的主要技术参数与型号含义

组合开关的主要技术参数与刀开关类似，有额定电压、额定电流、极数和可控制电动机的功率等。

HZ系列组合开关型号含义如下：

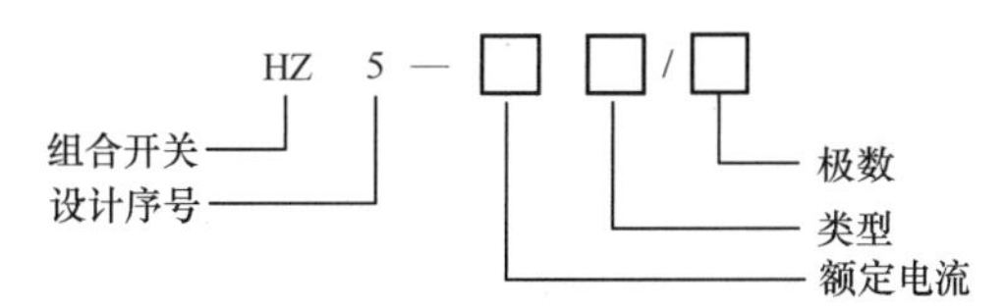

例如HZ5—30P/3，“HZ”表示开关类型为组合开关，“5”表示设计序号，“30“表示额定电流值为30A，“P”表示二路切换，“3”表示极数为三极。

3. 组合开关的选用

选用转换开关时，应根据电源种类、电压等级、所需触点数及电动机的功率选用，开关的额定电流一般取电动机额定电流的1.5~2倍。

用于一般照明、电热电路，其额定电流应大于或等于被控电路的负荷电流总和。当用作设备电源引入开关时，其额定电流稍大于或等于被控电路的负荷电流总和。当用于直接控制电动机时，其额定电流一般可取电动机额定电流的2~3倍。

4. 组合开关的安装方法

1）安装转换开关时应使手柄平行于安装面。

2）转换开关需安装在控制箱（或壳体）内时，其操作手柄最好伸出在控制箱的前面或侧面，应使手柄在水平旋转位置时为断开状态。

3）若需在控制箱内操作时，转换开关最好装在箱内右上方，而且在其上方不宜安装其他电器，否则应采取隔离和绝缘措施。

5. 注意事项

1）由于转换开关的通断能力较差，所以，不能用来分断故障电流。当用于控制电动机正、反转时，必须在电动机完全停转后，才能操作。

2）当负荷功率因数较低时，转换开关要降低额定电流使用，否则会影响开关寿命。

（三）断路器

低压断路器主要用于交、直流低压电路中，手动或电动分合电路中。低压断路器具有保护功能完善，动作后不需要更换元件，动作电流可按需要整定，工作可靠，安装方便和分断能力较强等特点，因此广泛应用于各种动力线路和机床设备中。它是低压电路中重要的保护电器之一。但低压断路器的操作传动机构比较复杂，因此不能频繁开关动作。

1. 断路器的结构

断路器的结构有框架式（又称为万能式）和塑料外壳式（又称为装置式）两大类。框架式断路器为敞开式结构，适用于大容量配电装置。塑料外壳式断路器的特点是各部分元件均安装在塑料壳体内，具有良好的安全性，结构紧凑简单，可独立安装，常用作供电线路的保护开关，电动机或照明系统的控制开关，也广泛用于电器控制设备及建筑物内作电源线路保护及对电动机运行过负荷和短路保护。低压断路器一般由触点系统、灭弧系统、操作机构、脱扣器及外壳或框架等组成。

（1）触点系统　触点系统用于接通和断开电路。触点的结构形式有对接式、桥式和插入式三种，一般由银合金材料和铜合金材料制成。

（2）灭弧系统　灭弧系统有多种结构形式，采用的灭弧方式有窄缝灭弧和金属栅灭弧。

（3）操作机构　操作机构用于实现断路器的闭合与断开。有手动操作机构、电动操作结构、电磁操作机构等。

（4）脱扣器　脱扣器是断路器的感测元件，用来感测电路特定的信号（如过电压、过电流等）。电路一旦出现非正常信号，相应的脱扣器就会动作。通过联动装置使断路器自动跳闸而切断电路。

脱扣器的种类很多，有电磁脱扣、热脱扣、自由脱扣、漏电脱扣等。电磁脱扣又分为过电流、欠电流、过电压、欠电压及分励脱扣等。

几种常用断路器结构示意图如图 2-53 所示。

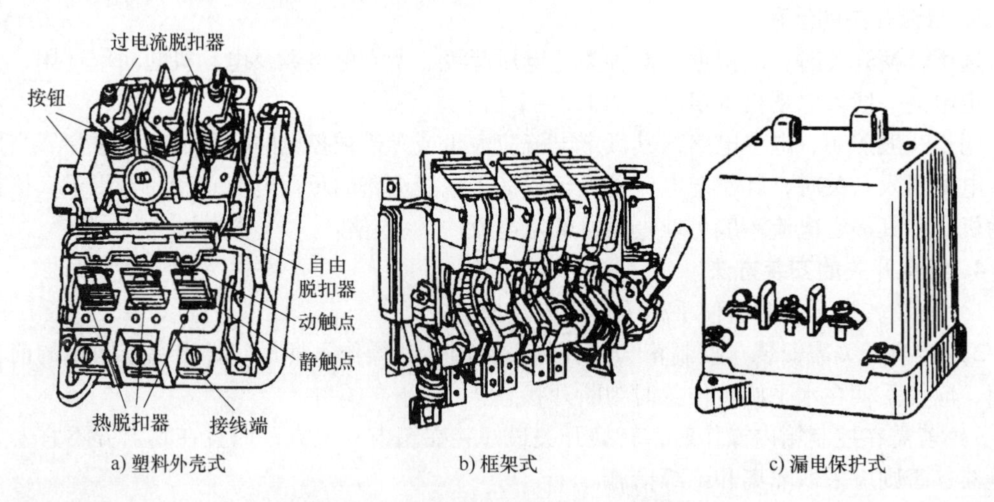

a) 塑料外壳式　b) 框架式　c) 漏电保护式

图 2-53　几种常用断路器结构示意图

2. 断路器的工作原理与型号含义

（1）工作原理　通过手动或电动等操作机构可使断路器合闸，从而使电路接通。当电路发生故障（短路、过负荷、欠电压等）时，通过脱扣装置使断路器自动跳闸，达到不发生故障的目的。断路器的文字符号和图形符号如图2-54所示。

图2-55所示为断路器的工作原理。当主触点闭合后，若1相电路发生短路或过电流（电流达到或超过过电流脱扣器动作值）事故时，过电流脱扣器的衔铁吸合，驱动自动脱扣器动作，主触点在弹簧的作用下断开；当电路过负荷时（1相），热脱扣器的热元件发热使双金属片产生足够的弯曲，推动自动脱扣器动作，从而使主触点切断电路；当电源电压不足（小于欠电压脱扣器释放值）时，欠电压脱扣器的衔铁释放使自动脱扣器动作，主触点切断电路；分励脱扣器用于远距离切断电路，当需要分断电路时，按下分断按钮，分励脱扣器线圈通电，衔铁驱动自动脱扣器动作，使主触点切断电路。

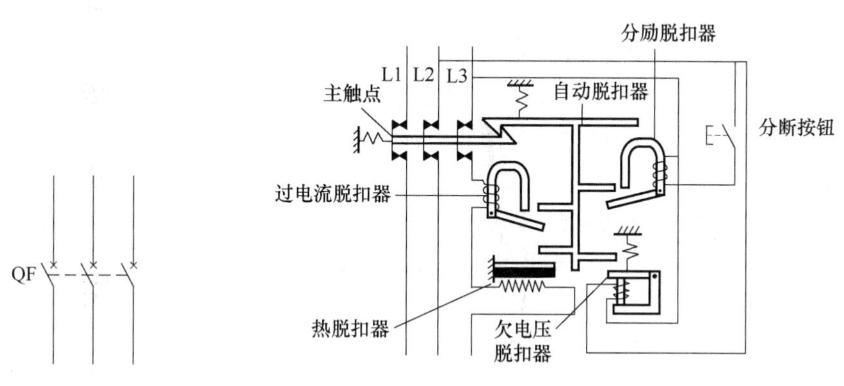

图2-54 断路器的符号　　图2-55 断路器的工作原理

（2）型号含义 低压断路器按结构形式分为塑料外壳式（DZ系列）和框架式（DW系列）两类，其型号含义如下：

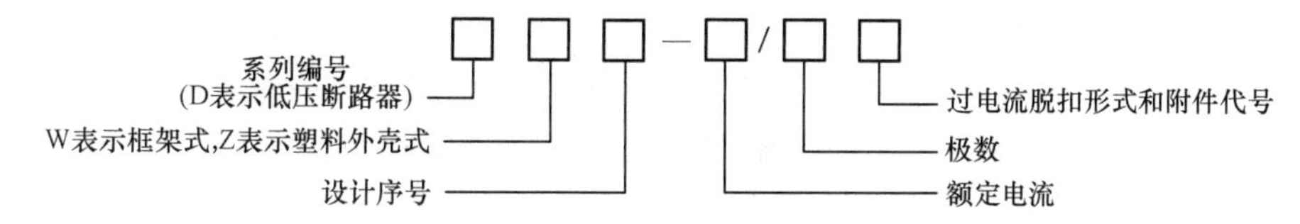

例如DZ15—200/3，“DZ”表示开关类型为断路器，其中“Z”表示塑料外壳式（若为“S”则表示快速式，“M”表示灭弧式），“15”表示设计序号，“200”表示额定电流为200A，“3”表示极数为三极。

常用的框架式低压断路器有DW10、DW15两个系列；塑料外壳式低压断路器有DZ5、DZ10、DZ20等系列。

3. 断路器的选用

1）应根据具体使用条件和被保护对象的要求选择合适的类型。

2）一般在电气设备控制系统中，常选用塑料外壳式或剩余电流断路器；在电力网主干线路中主要选用框架式断路器；而在建筑物的配电系统中则一般采用剩余电流断路器。

3）断路器的额定电压和额定电流应不小于电路的额定电压和最大工作电流。

4）脱扣器整定电流的计算。热脱扣器的整定电流应与所控制负荷（如电动机等）的额定电流一致。电磁脱扣器的瞬时动作整定电流应大于负荷电路正常工作的最大电流。

对于单台电动机来说，DZ系列断路器电磁脱扣器的瞬时动作整定电流 I_Z 可按下式计算：

$$I_Z \geqslant KI_q$$

式中　K——安全系数，可取 1.5～1.7；

　　I_q——电动机的起动电流。

对于多台电动机来说，可按下式计算：

$$I_Z \geqslant KI_{(q,max)} + \sum I$$

式中　$\sum I$——电路中其余电动机额定电流的总和；

　　$I_{(q,max)}$——最大一台电动机的起动电流。

5）断路器用于电动机保护时，一般电磁脱扣器的瞬时脱扣整定电流应为电动机起动电流的 1.7 倍。

6）断路器用于多台电动机短路保护时，一般电磁脱扣器的整定电流为功率最大的一台电动机起动电流的 1.3 倍，还要再加上其余电动机额定电流之和。

7）用于分断或接通电路时，其额定电流和热脱扣器的整定电流均应大于或等于电路中负荷额定电流的 2 倍。

8）选择断路器时，在类型、等级、规格等方面要与上、下级开关的保护特性相配合，不允许因下级保护失灵导致上级跳闸，扩大停电范围。

4. 安装维护方法

1）断路器在安装前应将脱扣器电磁铁工作面的防锈油脂抹净，以免影响电磁机构的动作值。

2）断路器应上端接电源，下端接负荷。

3）断路器与熔断器配合使用时，熔断器应尽可能装在断路器之前，以保证使用安全。

4）电磁脱扣器的整定值一经调好后就不允许随意更改，使用日久后要检查其弹簧是否生锈卡住，以免影响其动作。

5）断路器在分断短路电流后应在切除上一级电源的情况下及时检查触点。若发现有严重的电灼痕迹，可用干布擦去；若发现触点烧毛，可用砂纸或细锉小心修整，但主触点一般不允许用锉刀修整。

6）应定期清除断路器上的积尘和检查各种脱扣器的动作值，操作机构在使用一段时间后（1～2 年），在传动机构部分应加注润滑油（小功率塑壳断路器不需要）。

7）灭弧室在分断短路电流后，或较长时间使用之后，应清除灭弧室内壁和栅片上的金属颗粒和黑烟灰，如灭弧室已破损，决不能再使用。

5. 注意事项

1）在确定断路器的类型后，应进行具体参数的选择。

2）断路器的底板应垂直于水平位置，固定后应保持平整，倾斜度不大于 5°。

3）有接地螺钉的断路器应可靠连接地线。

4）具有半导体脱扣装置的断路器，其接线端应符合相序要求，脱扣装置的端子应可靠连接。

（四）熔断器

熔断器俗称保险器，是电网和用电设备的安全保护电器之一。低压熔断器广泛用于低压供配电系统和控制系统中，主要用作短路保护，有时也可用于过负荷保护。其主体是用低熔点金属丝或金属薄片制成的熔体，串联在被保护的电路中。在正常情况下，熔体相当于一根导线。当发生短路或严重过负荷时，电流很大，熔体因过热熔化而切断电路，使电路或电气设备脱离电源，从而起到保护作用。由于熔断器结构简单、体积较小、价格低廉、工作可靠、维护方便，所以应用极为广泛。熔断器是低压电路和电动机控制电路中最简单、最常用的过负荷和短路保护电器。但熔断器大多只能一次性使用，功能单一，更换需要一定时间，而且时间较长，所以，现在很多电器电路使用断路器代替低压熔断器。

熔断器的种类很多，按其结构可分为半封闭插入式熔断器、螺旋式熔断器、无填料封闭管式熔断器、有填料管式快速熔断器、半导体保护熔断器及自复式熔断器等。熔断器的种类不同，其特性和使用场合也有所不同，在工厂电气设备自动控制中，半封闭插入式熔断器、螺旋式熔断器使用最为广泛。

1. 熔断器的结构

熔断器种类很多，常用的熔断器有 RC1A 系列瓷插式（插入式）和 RL1 系列螺旋式。RC1A 系列熔断器价格便宜，更换方便，广泛用于照明和小功率电动机的短路保护。RL1 系列熔断器断流能力强，体积小，安装面积小，更换熔丝方便，安全可靠，熔丝熔断后有显示，常用于电动机控制电路作短路保护。

（1）瓷插式熔断器　瓷插式熔断器也称为半封闭插入式熔断器，它主要由瓷体、瓷盖、静触点、动触点和熔丝等组成，熔丝安装在瓷插件内。熔丝通常用铅锡合金或铅锑合金等制成，也有的用铜丝作熔丝。常用的 RC1A 系列瓷插式（插入式）熔断器的结构及电气符号如图 2-56 所示。

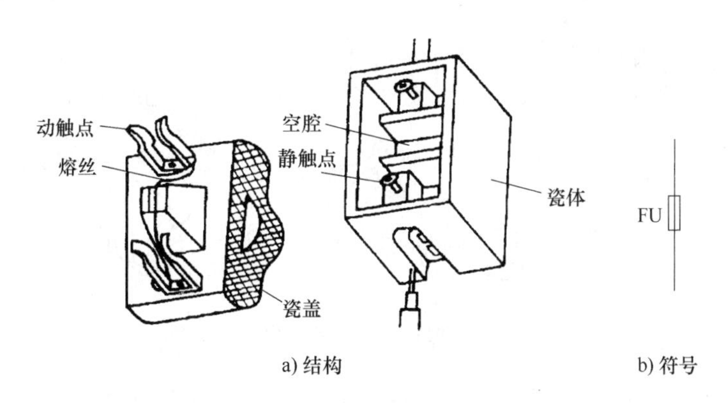

图 2-56　常用 RC1A 系列瓷插式（插入式）熔断器结构及电气符号

瓷体中部有一空腔，与瓷盖的凸出部分组成灭弧室。60A 以上的瓷插式熔断器空腔中还垫有纺织石棉层，用以增强灭弧能力。它具有结构简单、价格低廉、体积小、带电更换熔丝方便等优点，且具有较好的保护特性，主要用于中、小功率的控制。瓷插式熔断器主要在交流 400V 以下的照明电路中用作保护电器。但其分断能力较弱，电弧较大，只适用于小功率负荷的保护，趋于被淘汰的状况。常用的型号有 RC1A 系列，其额定电压为 380V，额定电流有 5A、10A、15A、30A、60A、100A 和 200A 七个等级。

（2）螺旋式熔断器　螺旋式熔断器主要由瓷帽、熔管、瓷套、底座等组成。熔丝安装在熔体的瓷质熔管内，熔管内部充满起灭弧作用的硅砂。熔体自身带有熔断指示装置。螺旋式熔断器是一种有填料的封闭管式熔断器，结构较瓷插式熔断器复杂，其结构如图 2-57 所示。

螺旋式熔断器用于交流400V以下，额定电流在200A以内的电气设备及电路的过负荷和短路保护，具有较好的抗振性能，灭弧效果与断流能力均优于瓷插式熔断器，它广泛用于机床电气控制设备中。螺旋式熔断器常用的型号有RL6、RL7（取代RL1、RL2）、RLS2（取代RLS1）等系列。

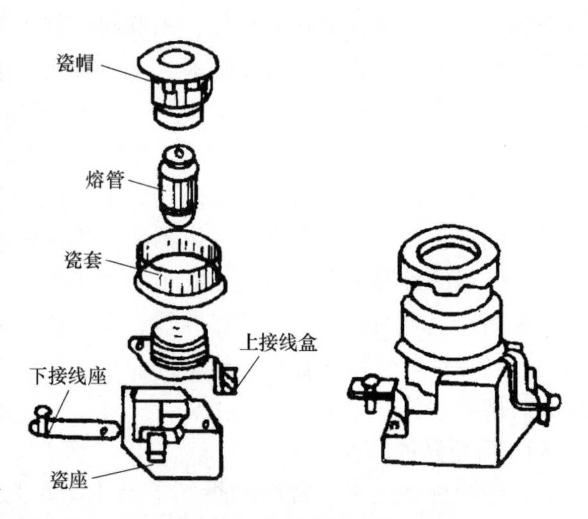

图2-57　RL1系列螺旋式熔断器的结构

（3）有填料封闭管式熔断器　有填料封闭管式熔断器的结构如图2-58所示。它由瓷座、熔体两部分组成，熔体安放在瓷质熔管内，熔管内部充满硅砂作灭弧用。填料封闭管式熔断器具有熔断迅速、分断能力强、无声光现象等良好性能；但其结构复杂，价格昂贵。主要用于供电线路及要求分断能力较高的配电设备中，有填料封闭管式熔断器常用的型号有RT12、RT14、RT15、RT17等系列。

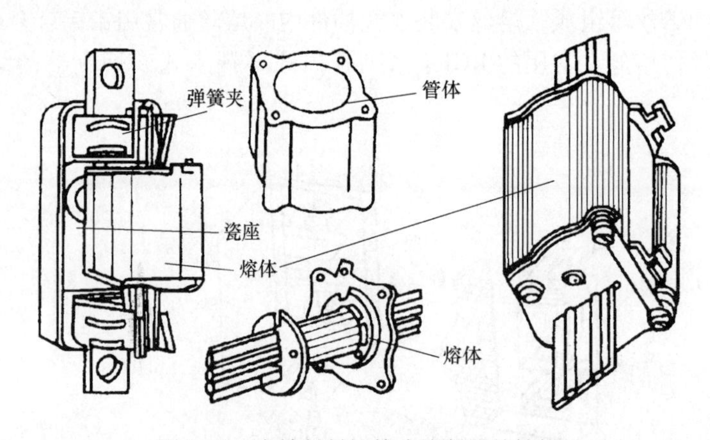

图2-58　有填料封闭管式熔断器的结构

（4）无填料封闭管式熔断器　这种熔断器主要用于低压电力网以及成套配电设备中填料封闭管式熔断器。该熔断器由插座、熔管、熔体等组成，主要型号有RM10系列。

（5）自复式熔断器　自复式熔断器是一种新型限流元件，其结构如图2-59a所示。在正常条件下，电流从电流端子通过绝缘管（氧化铍材料）细孔中的金属钠到另一电流端子构成通路；当发生短路或严重过负荷时，故障电流使钠急剧发热而汽化，很快形成高温、高压、高电阻的等离子状态，从而限制短路电流的增加。在高压作用下，活塞使氩气压缩，当短路或过负荷电流切除后，钠温度下降，活塞在压缩氩气作用下使熔断器迅速回复到正常状态。由于自复式熔断器只能限流，不能分断电流，因此，它常与断路器配合使用以提高组合分断能力。

图2-59b所示为其接线情况，正常工作时自复式熔断器的电阻是很小的，与它并联的电阻R中仅流过很小的电流。在短路时，自复式熔断器的电阻值迅速增大，电阻R中的电流

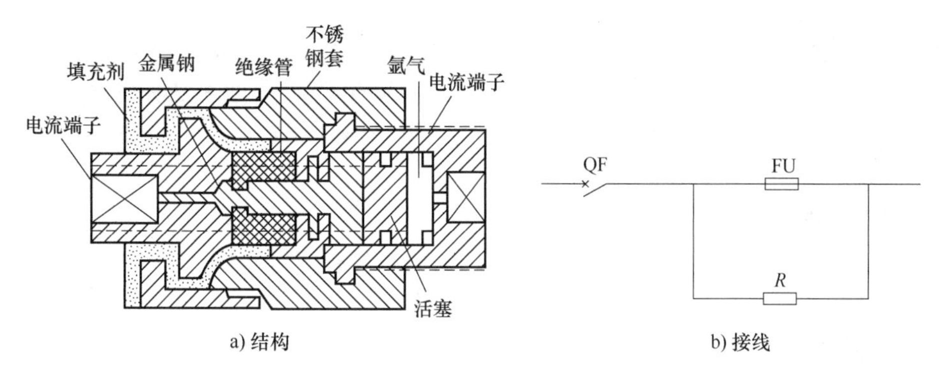

图 2-59　自复式熔断器

也增大，使得断路器 QF 动作，分断电路。电阻的作用一方面是降低自复式熔断器动作时产生的过电压，另一方面为断路器的电磁脱扣器提供动作电流。自复式熔断器在电路中主要起短路保护作用。过负荷保护则由断路器来承担。自复式熔断器具有限流，重复使用时不必更换熔体等优点。自复式熔断器与断路器组合后分断能力可达 100kA。

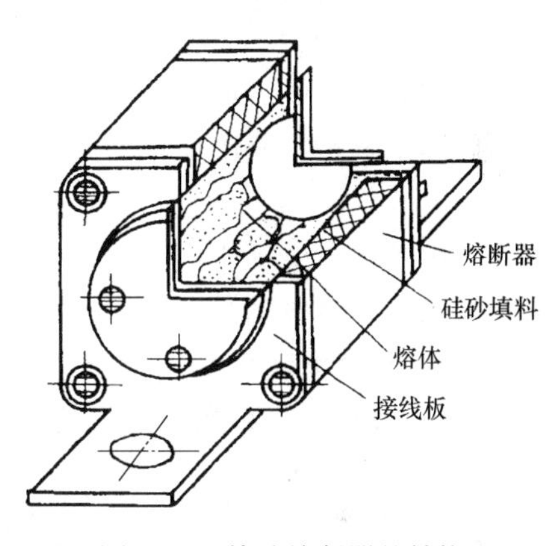

图 2-60　快速熔断器的结构

（6）快速熔断器　快速熔断器主要用于半导体器件或整流装置的短路保护，其结构如图 2-60 所示。由于半导体器件的过负荷能力很低，只能在极短的时间内承受较大的过负荷电流，因此要求短路保护器件具有快速熔断能力。快速熔断器的结构与有填料封闭管式熔断器基本相同，但熔体材料和形状不同。快速熔断器主要型号有 RS0、RS3、RLS1、RLS2 等系列。

2. 熔断器的主要参数与型号含义

熔断器的主要参数与型号含义如下：

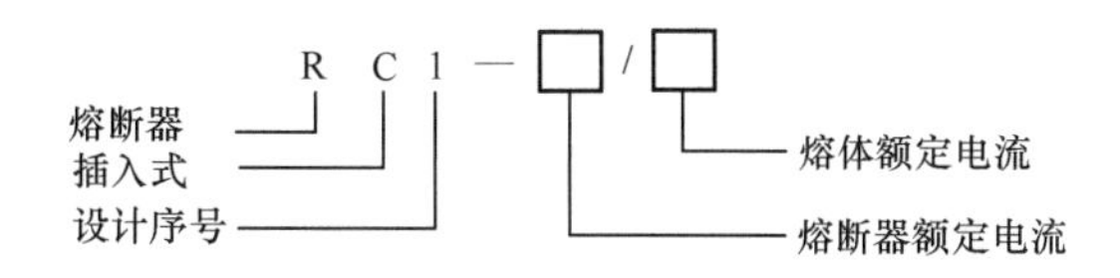

（1）额定电压　这是从灭弧角度出发，规定熔断器所在电路工作电压的最高限额。如果线路的实际电压超过熔断器的额定电压，一旦熔体熔断，就有可能发生电弧不能及时熄灭的现象。

（2）额定电流　实际上是指熔座的额定电流，这是由熔断器长期工作所允许的温升决定的电流值。配用熔体的额定电流应小于或等于熔断器的额定电流。

（3）熔体额定电流　熔体长期通过不被熔断的最大电流为熔体额定电流。

（4）极限分断能力　熔断器所能分断的最大短路电流值称为极限分断能力。分断能力的大小与熔断器的灭弧能力有关，而与熔断器的额定电流值无关。熔断器的极限分断能力必须大于线路中可能出现的最大短路电流。

例如 RS1—25/20，“RS”表示电器型熔断器，其中“S”表示熔断器为快速式（其余常用类型分别为：“C”表示瓷插式，“M”表示无填料密闭管式，“R”表示有填料密闭管式，“L”表示螺旋式、“LS”表示螺旋快速式），“1”表示设计序号，“25”表示熔断器额定电流为 25A，“20”表示熔体额定电流为 20A。

3. 熔断器的选择

1）熔断器的类型应根据不同的使用场合、保护对象有针对性地选择。

2）熔断器的选择包括熔断器种类的选择和额定参数的选择。

3）熔断器的种类选择应根据各种常用熔断器的特点、应用场所及实际应用的具体要求来确定。只有选择恰当的熔断器才能既保证电路正常工作又能起到保护作用。

4）在选用熔断器的具体参数时，应使熔断器的额定电压大于或等于被保护电路的工作电压，其额定电流大于或等于所装熔体的额定电流。

5）熔体额定电流值的大小与熔体线径粗细有关，线径越粗的额定电流值越大。

6）用于电炉、照明等阻性负荷电路的短路保护时，熔体额定电流不得小于负荷额定电流。

7）用于单台电动机短路保护时，熔体额定电流 $I=(1.5\sim2.5)\times$电动机额定电流。

8）用于多台电动机短路保护时，熔体额定电流 $I=(1.5\sim2.5)\times$功率最大一台电动机额定电流+其余电动机额定电流总和。其中电动机功率越大，系数选用得越大；相同功率时，起动电流较大，系数也选得较大。一般只选到 2.5，小型电动机带负荷起动时，允许取系数为 3，但不得超过 3。

一般首先选择熔体的规格，再根据熔体的规格来确定熔断器的规格。

4. 熔断器的安装方法

1）装配熔断器前应检查各项参数是否符合电路要求。

2）熔断器安装时必须在断电情况下进行操作。

3）熔断器安装时，必须完整无损（不可拉长），且接触紧密可靠，但也不能绷得太紧。

4）熔断器应安装在线路的各相线上，严禁在三相四线制的中性线上安装熔断器；单相二线制的中性线上应安装熔断器。

5）螺旋式熔断器在接线时，为了更换熔断管时安全，下接线端应接电源，而连接螺口的上接线端应接负荷。

5. 注意事项

1）保护电动机电路的熔断器，应考虑电动机的起动条件，按电动机起动时间长短、频繁起动程度来选择熔体的额定电流。

2）多级保护时应注意各级间的协调配合，下一级熔断器熔断电流应比上一级熔断电流小，以免出现越级熔断，扩大动作范围。

（五）按钮

按钮是一种手动操作接通或分断小电流控制电路的主令电器。一般情况下它不直接控制主电路的通断，而是在控制电路中发出“指令”去控制接触器、继电器等电器，再由它们来控制主电路。根据触点结构、触点组数和用途的不同，按钮可分为起动按钮（动合按钮）、停止按钮（动断按钮）和复合按钮（动断、动合组合按钮），一般使用的按钮多为复合按钮。

1. 按钮的结构

按钮由按钮帽、复位弹簧、动断触点、动合触点和外壳等组成。其触点允许通过的电流很小，一般不超过5A。以复合按钮为例，在按下按钮帽时，首先断开动断触点，再通过一小段时间后接通动合触点；松开按钮帽时，复位弹簧先使动合触点分断，通过一小段时间后动断触点才闭合，如图2-61所示。部分常见按钮的外形如图2-62所示。

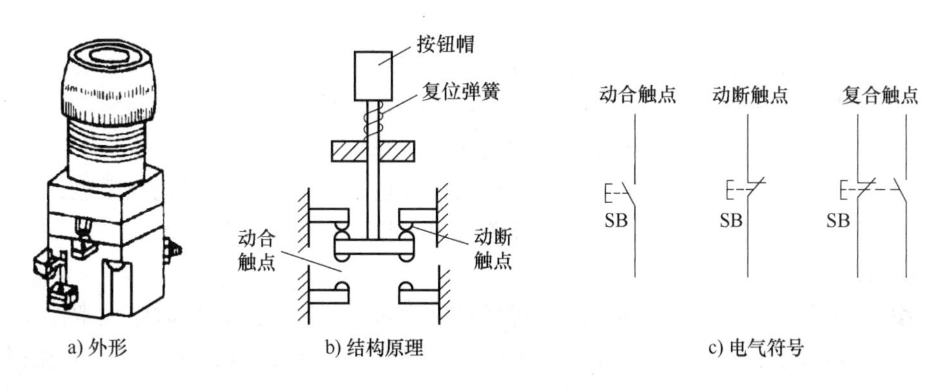

图2-61　按钮

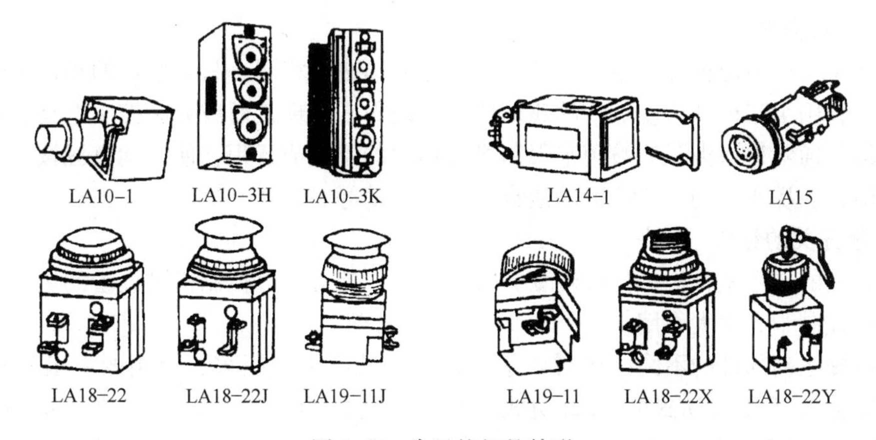

图2-62　常见按钮的外形

2. 型号含义

按钮的型号含义如下：

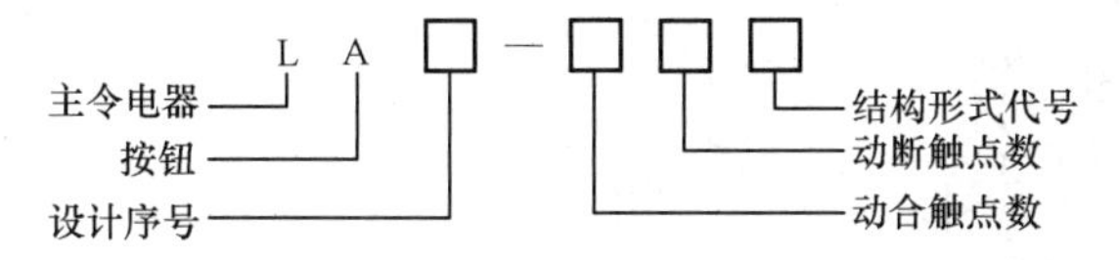

例如LA19—22K，“LA”表示电器类型为按钮，“19”表示设计序号，前一个“2”表示动合触点数为2对，后一个“2”表示动断触点数为2对，“K”表示按钮的结构形式为开启式（其余常用形式分别为：“H”表示保护式，“X”表示旋钮式，“D”表示带指示灯式，“J”表示紧急式，若无标示则表示为平钮式）。常用控制按钮的型号有LA4、LA10、LA18、LA19、LA20和LA25等系列。

3. 按钮的选用

1）根据使用场合，选择按钮的结构形式，如开启式、保护式、防水式和防腐式等。

2）根据用途，选用合适的形式，如手把旋钮式、钥匙式、紧急式和带灯式等。

3）按控制电路的需要，确定不同按钮数，如单钮、双钮、三钮和多钮。

4）按工作状态指示和工作情况要求，选择按钮和指示灯的颜色。

5）核对按钮的额定电压、电流等指标是否满足要求。

4. 按钮的安装方法

按钮安装在面板上时，应布置合理，排列整齐。可根据生产机械或机床起动、工作的先后顺序，从上到下或从左至右依次排列。如果它们有几种工作状态，如上、下，前、后，左、右，松、紧等，应使每一组正反状态的按钮安装在一起。

在面板上固定按钮时应安装牢固；停止按钮用红色，起动按钮用绿色或黑色；按钮较多时，应在醒目且便于操作处用红色蘑菇头设置总停按钮，以应对紧急情况。

5. 注意事项

由于按钮的触点间距较小，如有油污时极易发生短路故障，故使用时应经常保持触点间的清洁。用于高温场合时，塑料容易变形老化，导致按钮松动，引起接线螺钉间相碰短路，在安装时可视情况再多加一个紧固垫圈，使两个并紧。带指示灯的按钮由于灯泡要发热，时间长时易使塑料灯罩变形，造成调换灯泡困难，故此按钮不宜长时间通电。

（六）行程开关

行程开关又称为位置开关或限位开关，其作用与按钮相同，只是触点的动作不依靠手动操作，而是利用生产机械运动部件的碰撞使触点动作来实现接通或分断控制电路，达到一定的控制目的。通常，这类开关被用来限制机械运动的位置或行程，使运动机械按一定位置或行程自动停止、反向运动、变速运动或自动往返运动等。

1. 行程开关的结构

行程开关的作用是将机械位移转变为触点的动作信号，以控制机械设备的运动，在机电设备的行程控制中有很大作用。

根据机械运动部件的不同结构与要求，行程开关的形式很多，常用的有滚轮式（即旋转式）、按钮式（即直动式）和微动式三种。有的能自动复位，有的则不能自动复位。图2-63所示为行程开关的外形，其电气符号如图2-64所示。行程开关由操作头、触点系统和金属壳组成。金属壳里有顶杆、弹簧片、动断触点、动合触点和弹簧。

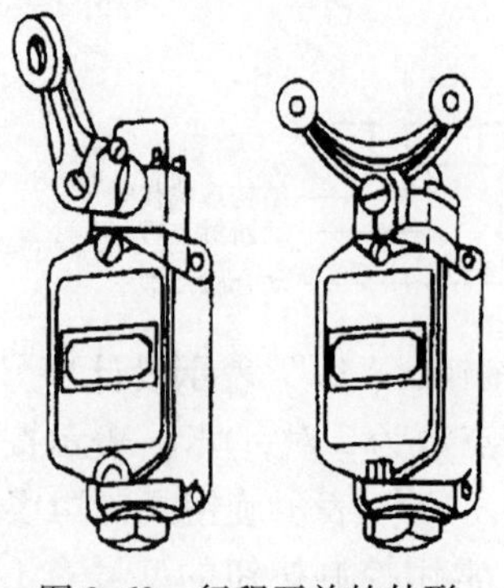

图2-63　行程开关的外形

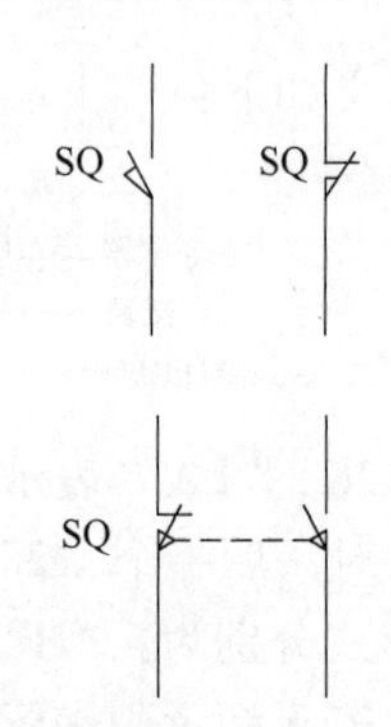

图2-64　行程开关的电气符号

（1）直动式行程开关　其结构如图2-65a所示。这种行程开关的特点是结构简单、成本较低，但触点的运行速度取决于挡铁的移动速度。若挡铁移动速度太慢，则触点就不能瞬时切断电路，使电弧或电火花在触点上滞留时间过长，易使触点损坏。这种开关不宜用于挡铁移动速度小于0.4m/min的场合。

（2）微动式行程开关　其结构如图2-65b所示。这种开关的特点是有储能动作机构，触点动作灵敏，速度快且与挡铁的运动速度无关。它的缺点是触点电流容量小、操作头的行程短，使用时操作头部分容易损坏。

（3）滚轮式行程开关　其结构如图2-65c所示。这种开关具有触点电流容量大、动作迅速、操作头动作行程大等特点，主要用于低速运行的机械。行程开关还有很多种不同的结构形式，一般都是在直动式或微动式行程开关的基础上加装不同的操作头构成。

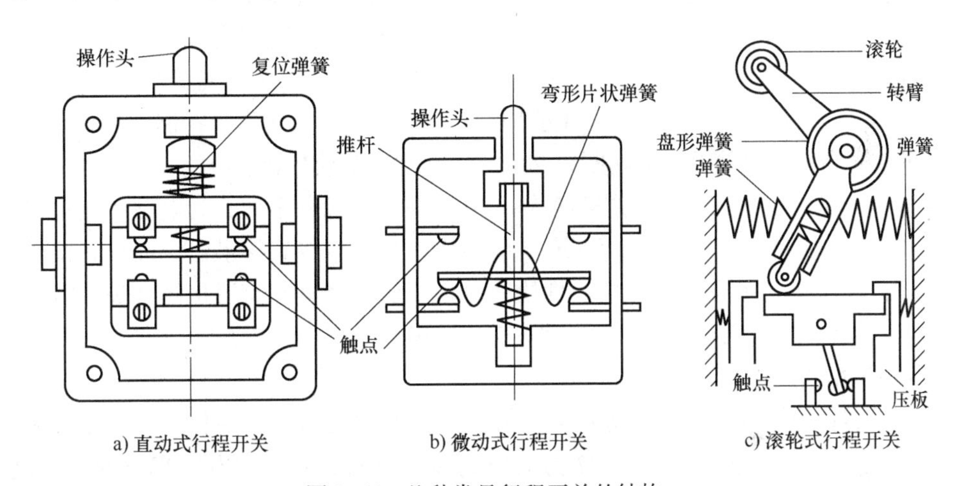

图2-65　几种常见行程开关的结构

2. 行程开关的型号含义

例如JLXK1—211，其含义是“J”表示电器类型为机床电器，“L”表示为主令电器，“X”表示为行程开关，“K”表示为快速式，“1”表示设计序号，“2”表示行程开关类型为双轮式（其余常用类型分别为：“1”表示单轮式，“3”表示直动不带轮式，“4”表示直动带轮式），第一个“1”表示动合触点数为1对，第二个“1”表示动断触点数为1对。

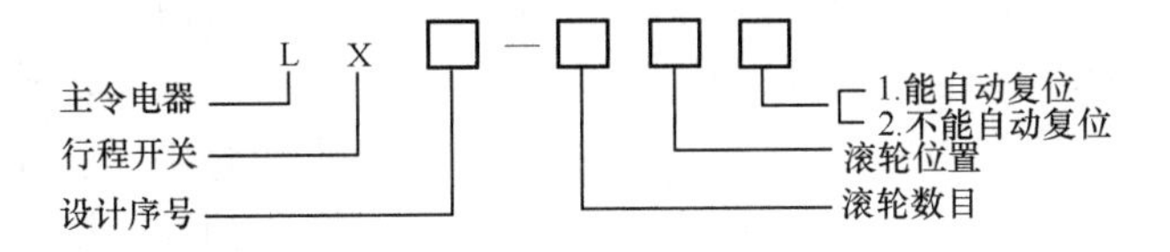

3. 行程开关的选用

1）根据应用场合及控制对象选择，有一般用途行程开关和起重设备用行程开关。

2）根据安装环境选择结构形式，有开启式、防护式等。

3）应根据被控制电路的特点、要求和所需触点数量等因素综合考虑。

4）根据机械运动与行程开关相互间的传动与位移关系选择合适的操作头形式。

5）根据控制回路的额定电压和额定电流选择系列。

常用行程开关的型号有LX5、LX10、LX19、LX31、LX32、LX33、LXW-11和JLXK1等

系列。

4. 行程开关的安装

安装时应检查所选行程开关是否符合要求，滚轮固定应恰当，有利于生产机械经过预定位置或行程时能较准确地实现行程控制。

5. 注意事项

安装行程开关时，应注意滚轮方向不能装反，与生产机械的撞块碰撞位置应符合线路要求。

（七）接触器

接触器是一种通用性很强的开关式电器，是电力拖动与自动控制系统中一种重要的低压电器。它可以频繁地接通和分断交直流主电路，是有触点电磁式电器的典型代表，相当于一种自动电磁式开关，是利用电磁力的吸合和反向弹簧力作用使触点闭合和分断，从而使电路接通和断开。具有欠电压释放保护及零电压保护功能，控制功率大，可远距离控制，具有工作可靠、寿命长、性能稳定、维护方便等优点，主要用来控制电动机，也可用来控制电焊机、电阻炉和照明器具等电力负荷。接触器不能切断短路电流，因此通常须与熔断器配合使用。

接触器的分类方法较多，可以按驱动触点系统动力来源的不同分为电磁式接触器、气动式接触器和液动式接触器；也可按灭弧介质的性质，分为空气式接触器、油浸式接触器和真空接触器等；还可按主触点控制的电流性质，分为交流接触器和直流接触器等。本节主要介绍在电力控制系统中使用最为广泛的电磁式交流接触器。

1. 交流接触器的结构

交流接触器由电磁机构、触点系统和灭弧系统三部分组成。电磁机构一般为交流电磁机构，也可采用直流电磁机构。吸引线圈为电压线圈，使用时并接在电压相应的控制电源上。触点可分为主触点和辅助触点。主触点一般为三极动合触点，电流容量大，通常装设灭弧机构，因此，具有较强的电流通断能力，主要用于大电流电路（主电路）。辅助触点电流容量小，不专门设置灭弧机构，主要用在小电流电路（控制电路或其他辅助电路）中作联锁或自锁之用。交流接触器的外形结构及电气符号如图 2-66 所示。

（1）电磁系统　电磁系统是接触器的重要组成部分，它由吸引线圈和磁路两部分组成。磁路包括静铁心、动铁心、铁轭和空气隙，利用气隙将电磁能转化为机械能，带动动触点与静触点接通或断开。图 2-67 所示为 CJ20 型接触器电磁系统的结构。

交流接触器的线圈由漆包线绕制而成，以减少铁心中的涡流损耗，避免铁心过热。在铁心上装有一个短路的铜环作为减振器，如图 2-68 所示，使铁心中产生不同相位的磁通量，以减少交流接触器吸合时的振动和噪声。其材料一般为铜、康铜或镍铬合金。

电磁系统的吸力与气隙的关系曲线称为吸力特性曲线，它随励磁电流的种类（交流和直流）和线圈的连接方式不同（串联或并联）而有所不同。反作用力的大小与反作用弹簧的弹力和动铁心质量有关。

（2）触点系统　触点系统用来直接接通和分断所控制的电路，根据用途不同，接触器的触点分为主触点和辅助触点两种。辅助触点通过的电流较小，通常接在控制电路中。主触点通过的电流较大，接在电动机主电路中。触点是用来接通和断开电路的执行元件。按其接触形式可分为点接触、面接触和线接触三种。

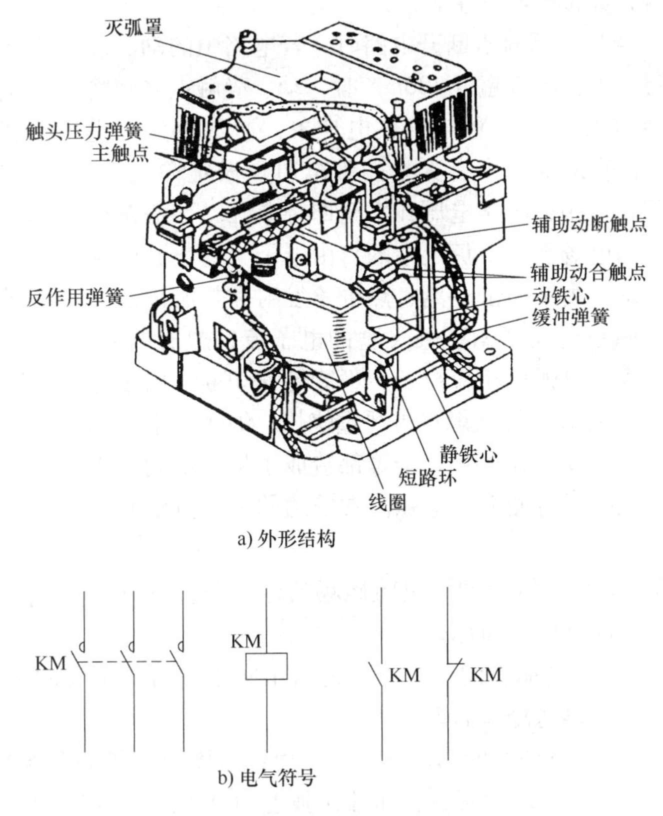

a) 外形结构

KM　KM　KM　KM

b) 电气符号

图2-66　交流接触器

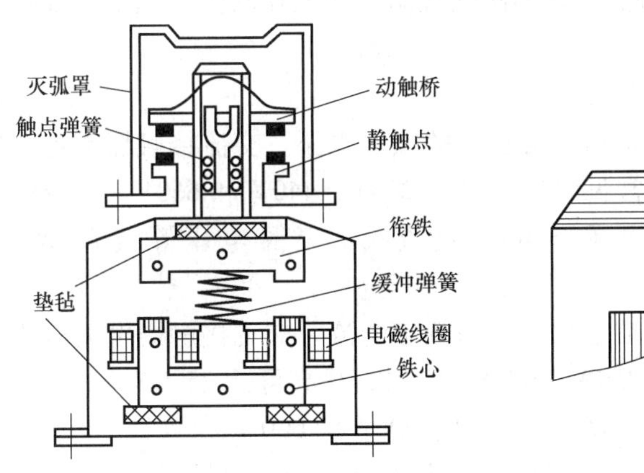

图2-67　CJ20型接触器电磁系统的结构

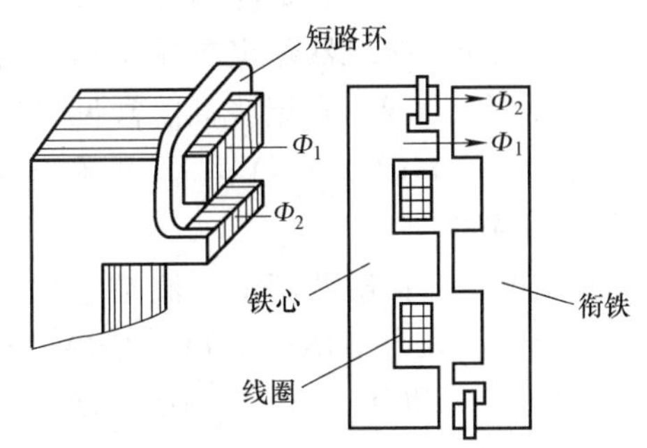

图2-68　交流接触器的短路环

1）点接触。它由两个半球形触点或一个半球形与另一个平面形触点构成，如图2-69a所示，常用于控制小电流的电器中，如接触器的辅助触点或继电器触点。

2）面接触。可允许通过较大的电流，应用较广，如图2-69b所示。在这种触点的表面上镶有合金，以减小接触电阻和提高耐磨性，多用于较大容量接触器上的主触点。

3）线接触。它的接触区域是一条直线，如图2-69c所示。触点在通断过程中是滚动接触的。其好处是可以自动清除触点表面的氧化膜，保证了触点的良好接触。这种滚动接触多用于中等容量的触点，如接触器的主触点。

（3）灭弧系统　当接触器触点断开电路时，若电路中的动、静触点之间的电压超过12V，电流超过100mA时，动、静触点之间将出现强烈的火花，这实际上是一种空气放电现象，通常称为“电弧”。所谓空气放电，就是空气中有大量的带电质点做定向运动。在触点分离瞬间，间隙很小，电路电压几乎全部降落在动、静两触点之间，形成了很高的电场强度，负极中的自由电子会逸出到气隙中，并向正极加速运动。由于撞击电离、热电子发射和热游离的结果，在动、静两触点间呈现大量向正极飞驰的电子流，形成电弧。随着两触点间距离增大，电弧也相应拉长，不能迅速切断。由于电弧的温度高达3000℃或更高，导致触点被严重烧灼，缩短了电器的寿命，给电气设备的运行安全和人身安全等都造成了极大威胁。因此，必须采取有效方法，尽可能消灭电弧。常采用的灭弧方法和灭弧装置有：

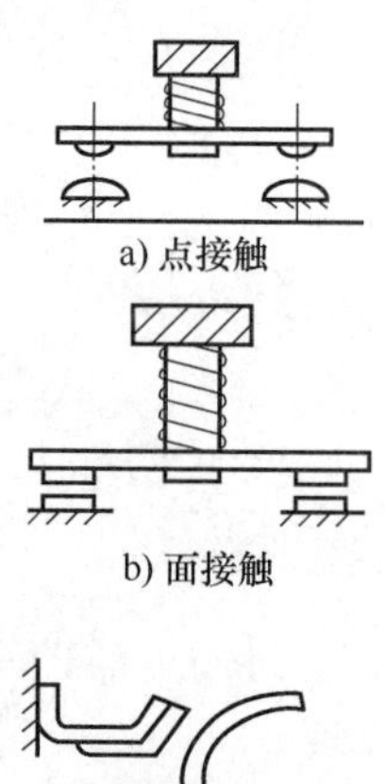

a) 点接触

b) 面接触

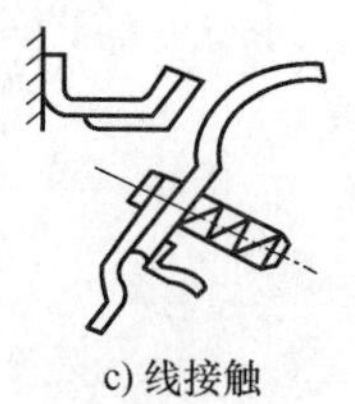

c) 线接触

图2-69　触点类型

1）电动力灭弧。电弧在触点回路电流磁场的作用下，受到电动力作用拉长，并迅速离开触点而熄灭。

2）纵缝灭弧。电弧在电动力的作用下，进入由陶土或石棉水泥制成的灭弧室窄缝中，电弧与室壁紧密接触，被迅速冷却而熄灭。

3）栅片灭弧。电弧在电动力的作用下，进入由许多固定间隔的金属片所组成的灭弧栅之中，电弧被栅片分割成若干段短弧，使每段短弧上的电压达不到燃弧电压，同时栅片具有强烈的冷却作用，致使电弧迅速降温而熄灭。

4）磁吹灭弧。灭弧装置设有与触点串联的磁吹线圈，电弧在吹弧磁场的拉伸作用而吹离触点，加速冷却而熄灭。

2. 接触器的主要技术参数与型号含义

（1）额定电压　接触器额定电压是指主触点上的额定电压。交流接触器常见电压等级有220V、380V和500V。直流接触器常见电压等级有220V、440V和660V。交流线圈常见电压等级有36V、110V、127V、220V和380V。直流线圈常见电压等级有24V、48V、110V、220V和440V。

（2）额定电流　接触器额定电流是指主触点的额定电流。交流接触器常见电流等级有10A、15A、25A、40A、60A、150A、250A、400A、600A，最高可达2500A。直流接触器常见电流等级有25A、40A、60A、100A、150A、250A、400A和600A。

（3）额定操作频率　额定操作频率，即每小时通断次数。交流接触器可高达6000次/h，直流接触器可达1200次/h。电器寿命达500万~1000万次。

（4）型号含义　交流接触器和直流接触器的型号分别为CJ和CZ，其中交流接触器型号的含义如下：

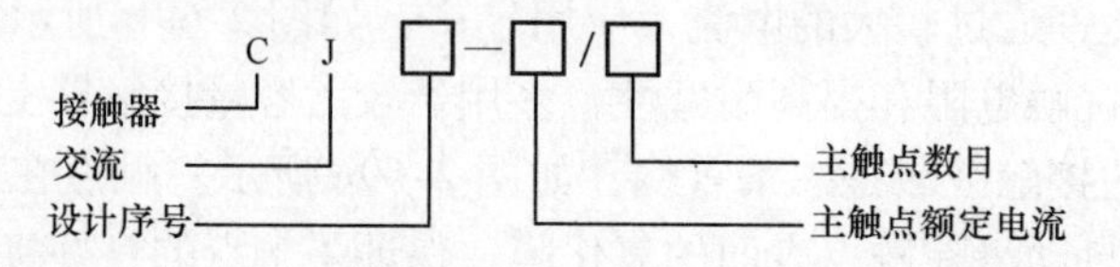

我国生产的交流接触器常用的有 CJ1、CJ10、CJ12、CJ20 等系列产品。CJ12 和 CJ20 新系列接触器，所有受冲击的部件均采用了缓冲装置，合理地减小了触点开距和行程。运动系统布置合理、结构紧凑。

直流接触器型号的含义如下：

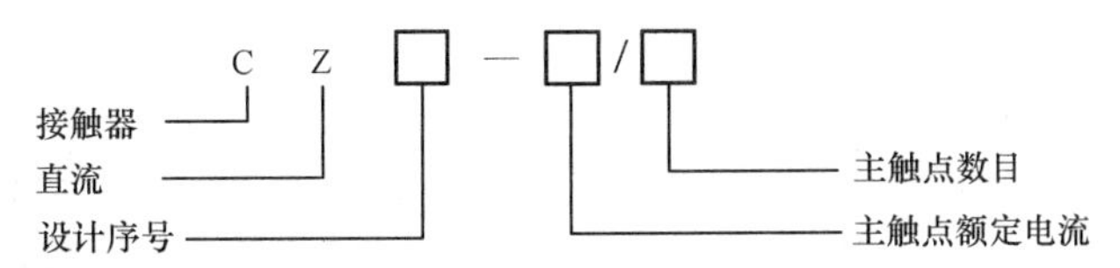

直流接触器常用的有 CZ1 和 CZ3 等系列和新产品 CZ20 系列。新系列接触器具有寿命长、体积小、工艺性能更好、零部件通用性更强等优点。

3. 接触器的选用

（1）类型的选择　根据所控制的电动机或负荷类型来选择接触器类型，交流负荷应采用交流接触器，直流负荷应采用直流接触器。

（2）主触点额定电压和额定电流的选择　接触器主触点的额定电压应大于或等于负荷电路的额定电压，额定电流应大于负荷电路的额定电流，或者根据经验公式计算（适用于 CJ0、CJ10 系列），即

$$I_e = P_N \times 10^3 / KU_N$$

式中　K——经验系数，一般取 1 ~ 1.4；

P_N——电动机额定功率（kW）；

U_N——电动机额定电压（V）；

I_e——接触器主触点电流（A）。

如果接触器控制的电动机起动、制动或正反转较频繁，一般将接触器主触点的额定电流降一级使用。

（3）线圈电压的选择　接触器线圈的额定电压不一定等于主触点的额定电压，从人身和设备安全角度考虑，线圈电压可选择低一些；但当控制电路简单，线圈功率较小时，可选 220V 或 380V。

（4）接触器操作频率的选择　操作频率是指接触器每小时通断的次数。当通断电流较大且通断频率过高时，会引起触点过热，甚至熔焊。操作频率若超过规定值，应选用额定电流大一级的接触器。

（5）触点数量及触点类型的选择　通常接触器的触点数量应满足控制支路数的要求，触点类型应满足控制电路的功能要求。

4. 接触器的安装方法

1）接触器安装前应检查线圈的额定电压等技术数据是否与实际使用要求相符，然后将铁心及其表面上的防锈油脂或锈垢用汽油擦净，以免多次使用后被油垢粘住，进而造成接触器断电时不能释放触点。

2）接触器一般应垂直安装，其倾斜度不得超过 5°，否则会影响接触器的动作特性。安装有散热孔的接触器时，应将散热孔放在上下位置，以利于线圈散热。

3）安装时，注意不要把杂物失落到接触器内，以免引起卡阻而烧毁线圈，同时应将螺钉拧紧，以防振动松脱。

5. 注意事项

1）应定期清扫接触器的触点并保持整洁，但不得涂油；当触点表面因电弧作用形成金属小珠时，应及时铲除，但银及银合金触点表面产生的氧化膜，由于接触电阻很小，可不必修复。

2）触点过热的主要原因有接触压力不足；表面接触不良；表面被电弧灼伤等，造成触点接触电阻过大，从而发热。

3）触点磨损有两种原因，一是由于电弧的高温使触点上的金属氧化并蒸发所造成的电气磨损；二是由于触点闭合时的撞击，触点表面相对滑动摩擦所造成的机械磨损。

4）线圈失电后触点不能复位的原因有触点被电弧熔焊在一起；铁心剩磁太大，复位弹簧弹力不足；活动部分被卡住等。

5）衔铁振动有噪声的主要原因是短路环损坏或脱落；衔铁歪斜；铁心端面有锈蚀尘垢，使动静铁心接触不良；复位弹簧弹力太大；活动部分有卡滞，使衔铁不能完全吸合等。

6）线圈过热或烧毁的主要原因是线圈匝间短路；衔铁吸合后有间隙；操作频繁超过允许操作频率；外加电压高于线圈额定电压等，引起线圈中电流过大所造成。

（八）继电器

继电器是根据电流、电压、温度、时间和速度等信号的变化来自动接通和分断小电流电路的控制元件。与接触器不同，继电器一般不直接控制主电路，而是通过接触器或其他电器对主电路进行控制。因此继电器触点的额定电流较小（5～10A），不需要灭弧装置，具有结构简单、体积小、质量轻等优点，但对其动作的准确性则要求较高。

继电器的种类很多，分类方法也较多：按用途，可分为控制继电器和保护继电器；按反映的信号，可分为电压继电器、电流继电器、时间继电器、热继电器和速度继电器等；按功能，可分为中间继电器、热继电器、电压继电器、电流继电器、功率继电器、时间继电器、速度继电器、极化继电器和冲击继电器等；按动作原理，可分为电磁式、电子式和电动式等。

电磁式继电器主要有电压继电器、电流继电器和中间继电器等。

1. 电磁式继电器的结构与工作原理

电磁式继电器的结构、工作原理与接触器相似，由电磁系统、触点系统和反力系统部分组成。当吸引线圈通电（或电流、电压达到一定值）时，衔铁运动驱动触点动作。图 2-70 所示为电磁式继电器的结构，图 2-71 所示为电磁式继电器的电气符号。

2. 中间继电器

中间继电器是将一个输入信号变成一个或多个输出信号的继电器，它的输入信号为通电和断电，输出信号是触点的动作，并可将信号分别传给几个元件或回路。

（1）中间继电器的结构　中间继电器的结构及工作原理与接触器基本相同，JZ7 系列中间继电器由线圈、静铁心、动铁心及触点系统等组成。它的触点较多，一般有八对，可组成四对动合、四对动断或六对动合、两对动断或八对动合等三种形式。其结构如图 2-72 所示。中间继电器一般根据负荷电流的类型、电压等级和触点数量来选择。其安装方法和注意事项与接触器类似，但中间继电器由于触点容量较小，一般不能接到主电路中应用。中间继电器的触点数量较多，并且无主、辅触点之分，各对触点允许通过的电流大小也是相同的，额定电流约为 5A。在控制额定电流不超过 5A 的电动机时，也可用它来代替接触器。

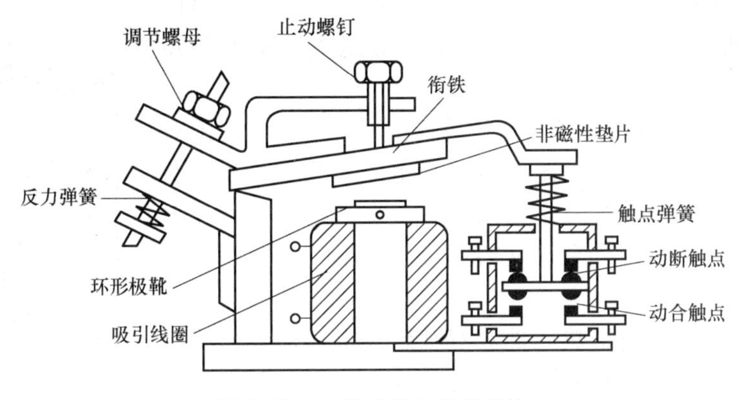

图 2-70　电磁式继电器的结构

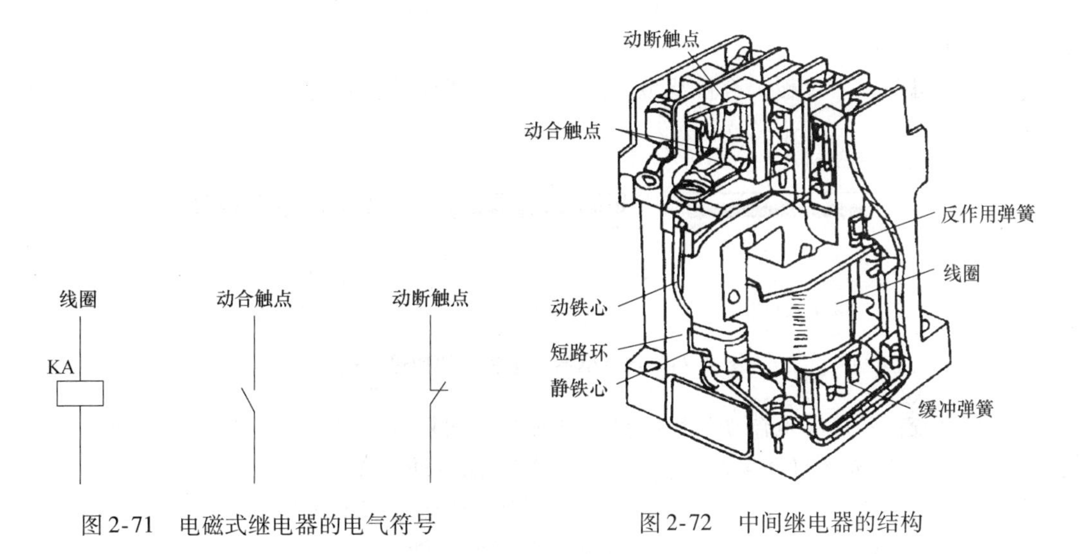

图 2-71　电磁式继电器的电气符号　　　　图 2-72　中间继电器的结构

常用的中间继电器有 JZ7、JZ8 系列，其型号的含义如下：

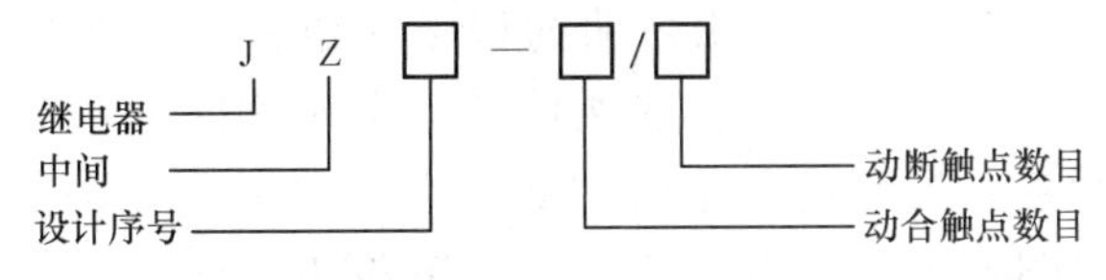

例如 JZ7—53，“JZ”表示电器类型为中间继电器，“7”表示设计序号，“5”表示动合触点数，“3”表示动断触点数。

（2）中间继电器的选用　中间继电器应根据被控制电路的电压等级、所需触点的数目和种类以及容量等要求来选择。

3. 热继电器

热继电器是利用电流的热效应来推动动作机构使触点闭合或断开的保护电器。它主要用于电动机的过负荷保护、断相保护、电流不平衡运行保护及其他电气设备发热状态的控制。

（1）热继电器的基本结构　常用的热继电器有两个热元件组成的两相结构和三个热元件

组成的三相结构两种形式。两相结构的热继电器主要由热元件、双金属片动作机构、触点系统、复位机构等组成，如图 2-73 所示。

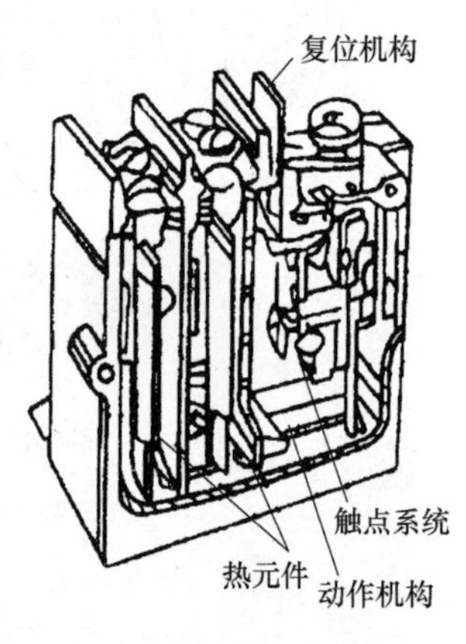

图 2-73　热继电器的结构

1）热元件：是使热继电器接收过负荷信号的部分，它由双金属片及绕在双金属片外面的绝缘电阻丝组成。双金属片由两种热膨胀系数不同的金属片复合而成，如铁镍铬合金和铁镍合金。电阻丝用康铜和镍铬合金等材料制成，使用时串联在被保护的电路中。

当电流通过热元件时，热元件对双金属片进行加热，使双金属片受热弯曲。热元件对双金属片的加热方式有三种，直接加热、间接加热和复式加热，如图 2-74 所示。

2）触点系统：一般配有一组切换触点，可形成一个动合触点和一个动断触点。

3）动作机构：由导板、补偿双金属片、推杆、杠杆及拉簧等组成，用来补偿环境温度的影响。

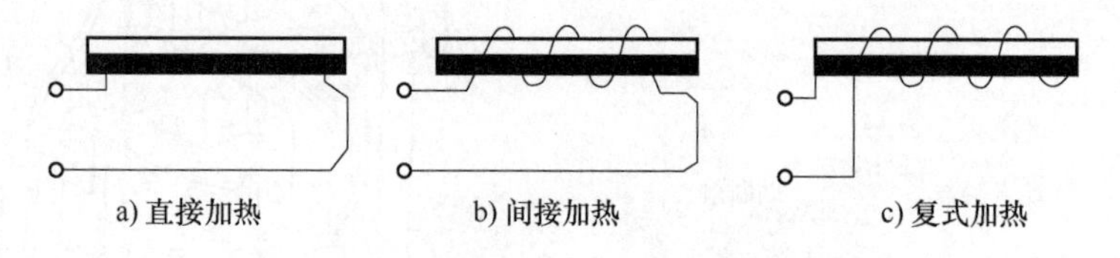

图 2-74　热继电器双金属片的加热方式

4）复位按钮：热继电器动作后的复位方式有手动复位和自动复位两种。手动复位的功能由复位按钮来完成。自动复位功能由双金属片冷却自动完成，但需要一定的时间。

5）整定电流装置：由旋钮和偏心轮组成，用来调节整定电流的数值。热继电器的整定电流是指热继电器长期不动作的最大电流值，超过此值就要动作。

（2）热继电器的工作原理　三相结构热继电器的工作原理如图 2-75 所示。当电动机电流未超过额定电流时，双金属片自由弯曲的程度（位移）不足以触及动作机构，因此热继电器不会动作；当电路过负荷时，热元件使双金属片向上弯曲变形，导板带动杠杆在弹簧拉力作用下分断接入控制电路中的动断触点，切断主电路，从而起到负荷保护作用。由于双金属片弯曲的速度与电流大小有关，电流越大时，弯曲的速度也越快，于是动作时间就短，反之，则时间就长，这种特性称为反时限特性。只要热继电器的整定值调整得恰当，就可以使电动机在温度超过允许值之前停止运转，避免因高温造成损坏。热继电器动作后，一般不能立即自动复位，要等一段时间，待双金属片冷却后，当电流恢复正常和双金属片复原后，再按复位按钮方可重新工作。热继电器动作电流值的大小可用调节旋钮进行调节。

普通电动机起动时，电流往往很大，但时间很短，故热继电器不会影响电动机的正常起动。具有断相保护能力的热继电器保护电动机时，若电动机是星形联结，当线路发生一相断电时，另外两相将发生过负荷。过负荷相电流将超过普通热继电器的动作电流，因线电流等于相电流，这种热继电器可以对此进行保护。但若电动机定子为三角形联结，发生断相时，

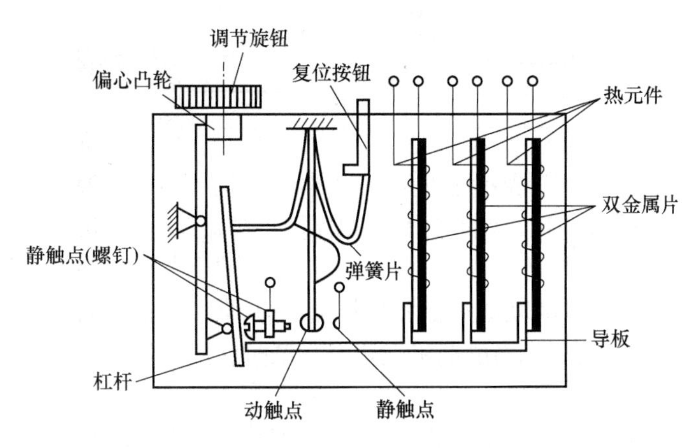

图 2-75　三相结构热继电器的工作原理

线电流可能达不到普通热继电器的动作值而电动机绕组已过热，此时用普通的热继电器已经不能起到保护作用，必须采用带断相保护的热继电器。它利用各相电流不均衡的差动原理实现断相保护。

具有断相保护能力的热继电器的动作机构中有差分放大机构，当电动机断相运行时，对动作机构的移动有放大作用。差分放大机构示意图如图 2-76 所示。

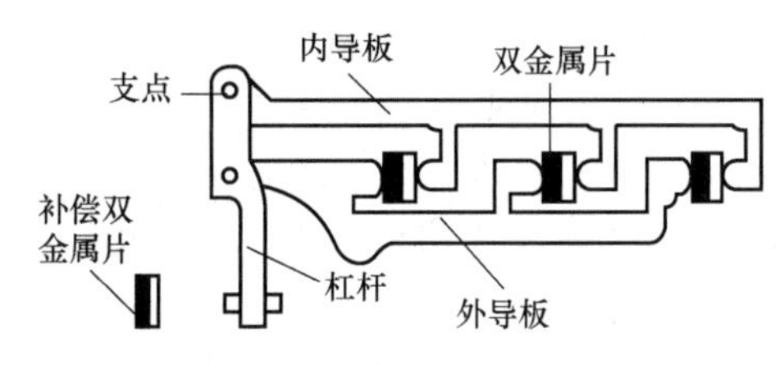

图 2-76　差分放大机构示意图

差分放大机构的放大工作原理如图 2-77 所示，当电动机正常运行时，由于三相双金属片均匀加热，因而整个差分放大机构向左移动，动作不能被放大；当电动机断相运行时，由于内导板被未加热的双金属片卡住而不能移动，外导板在另两相双金属片的驱动下向左移动，使杠杆绕支点转动将移动信号放大，这样使热继电器动作加速，提前切断电源。由于差分放大作用，热继电器在电流尚未达到整定电流就可以动作，从而达到断相保护的目的。电动机断相运行是造成大多数电动机烧毁的主要原因，因此对电动机断相保护的意义十分重大。

（3）热继电器的技术参数

1）额定电压，指触点的电压值。

2）额定电流，指允许装入的热元件的最大额定电流值。

3）加热元件规格用电流值，指热元件允许长时间通过的最大电流值。

4）热继电器的整定电流，指长期通过热元件又刚好使热继电器不动作的最大电流值。

热继电器型号的含义如下：

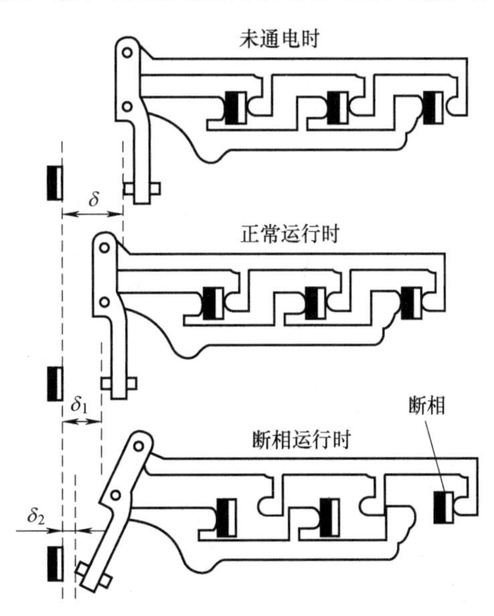

图 2-77　差分放大机构的放大工作原理

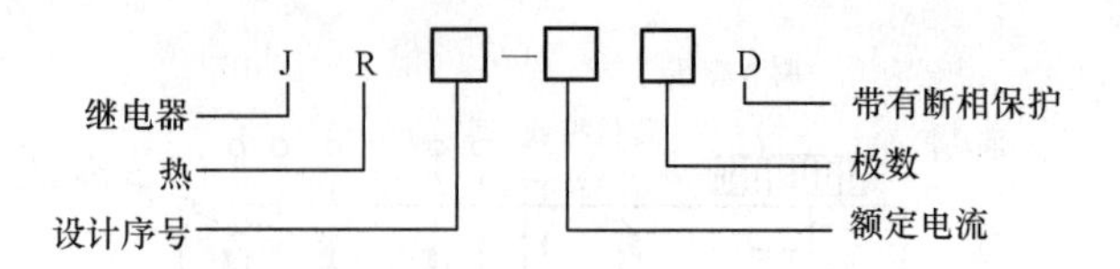

例如 JR16—20/3D，“JR”表示电器类型为热继电器，“16”表示设计序号，“20”表示额定电流，“3”表示三相，“D”表示具有断相保护。

（4）热继电器的选用

1）应根据被保护电动机的联结组标号选择热继电器。当电动机星形联结时，选用两相或三相热继电器均可进行保护；当电动机三角形联结时，应选用三相差分放大机构的热继电器进行保护。

2）根据电动机的额定电流来确定热继电器的型号和使用范围。

3）要求热继电器额定电压大于或等于触点所在电路的额定电压。

4）要求热继电器额定电流大于或等于被保护电动机的额定电流。

5）要求热元件规格用电流值小于或等于热继电器的额定电流。

6）热继电器的整定电流要根据电动机的额定电流、工作方式等情况调整而定。一般情况下可按电动机额定电流值整定。

7）对过负荷能力较差的电动机，可将热继电器整定值调整到电动机额定电流的 0.6～0.8 倍。对起动时间较长，拖动冲击性负荷或不允许停车的电动机，热继电器的整定电流应调节到电动机额定电流的 1.1～1.15 倍。

8）对于重复短时工作制的电动机（例如起重电动机等），由于电动机不断重复升温，热继电器双金属片的温升跟不上电动机绕组的温升变化，因而电动机将得不到可靠保护。因此，不宜采用双金属片式热继电器作为过负荷保护。

热继电器的主要产品型号有 JR20、JRS1、JR0、JR10、JR14 和 JR15 等系列，引进产品有 T 系列、3UA 系列和 LR1-D 系列等。

（5）热继电器的安装

1）安装热继电器时，应清除触点表面污垢，以避免电路不通或因接触电阻加大而影响热继电器的动作特性。

2）如果电动机起动时间过长或操作次数过于频繁，将会使热继电器误动作或烧坏热继电器，故这种情况一般不用热继电器作为过负荷保护器件。如果仍用热继电器，则应在热元件两端并接一对接触器或继电器的动断触点，待电动机起动完毕，使动断触点断开，热继电器再投入工作。

3）热继电器周围介质的温度原则上应和电动机周围介质的温度相同，否则，势必要破坏已调整好的配合情况。当热继电器与其他电器安装在一起时，应将它安装在其他电器的下方，以免其动作特性受到其他电器发热的影响。

4）热继电器出线端的连接不宜过细，如果连接导线过细，轴向导热性差，热继电器可能提前动作。反之，连接导线太粗，轴向导热快，热继电器可能滞后动作。在电动机起动或短时过负荷时，由于热元件的热惯性，热继电器不能立即动作，从而保证了电动机的正常工作。如果过负荷时间过长，超过一定时间（由整定电流的大小决定），热继电器的触点动作，切断电路，起到保护电动机的作用。

4. 时间继电器

当继电器的感测机构接收到外界动作信号，经过一段时间延时后触点才动作的继电器，称为时间继电器。时间继电器按动作原理可分为电磁式、空气阻尼式、电动式和电子式；按延时方式可分为通电延时和断电延时两种。图2-78所示为时间继电器的电气符号。

（1）直流电磁式时间继电器

1）基本结构。在通用直流电压继电器的铁心上安装一个阻尼圈后就制成了直流电磁式时间继电器，其结构如图2-79所示。

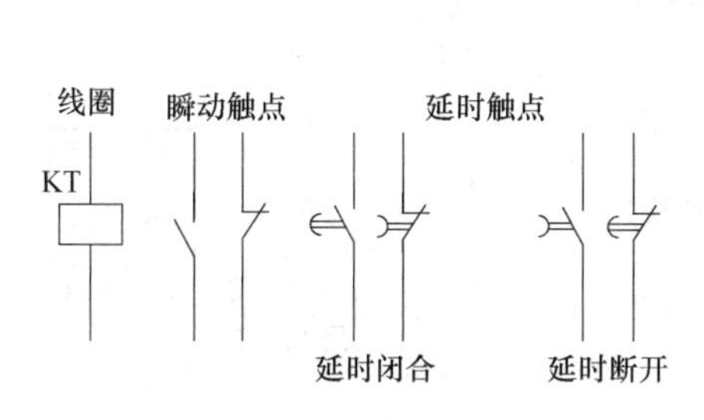

图2-78　时间继电器的电气符号

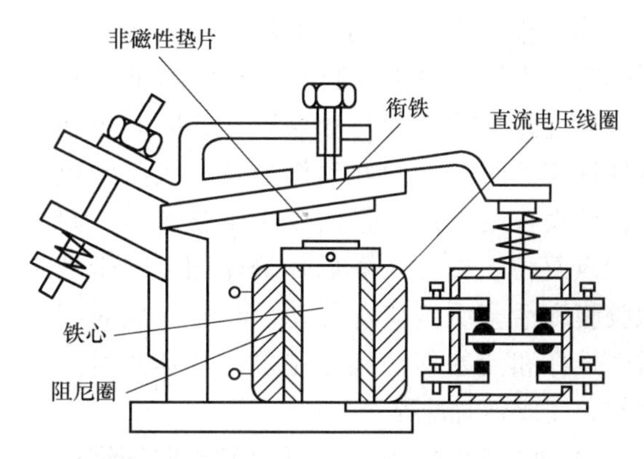

图2-79　直流电磁式时间继电器的结构

2）工作原理。直流电磁式时间继电器是利用电磁阻尼原理产生延时的。当线圈通电时，由于衔铁是释放的，动、静铁心间气隙大，磁阻大，磁通变化小，铜套上产生的感应电流小，阻尼作用小，因此衔铁吸合延时不显著（可忽略不计）。当线圈失电时，磁通变化大，铜套上产生的感应电流大，阻尼作用大，使衔铁的释放延时显著。这种延时称为断电延时。由此可见，直流电磁式时间继电器适用于断电延时；对于通电延时，因为延时时间太短，没有多少现实意义。直流电磁式时间继电器用在直流控制电路中，结构简单，使用寿命长，允许操作频率高，但延时时间短，准确度较低。

（2）空气阻尼式时间继电器　空气阻尼式时间继电器也称为空气式时间继电器或气囊式时间继电器。其电磁系统由电磁线圈、静铁心、动铁心、反作用弹簧和弹簧片组成；工作触点由两对瞬时触点（一对瞬时闭合触点，一对瞬时分断触点）和两对延时触点组成；气囊主要由橡胶膜、活塞和壳体组成，橡胶膜和活塞可随气室进气量移动，气室上的调节螺钉用来调节气室进气速度的大小以调节延时时间；传动机构由杠杆、推杆、推板和塔形弹簧等组成。图2-80所示为空气阻尼式时间继电器的外形。

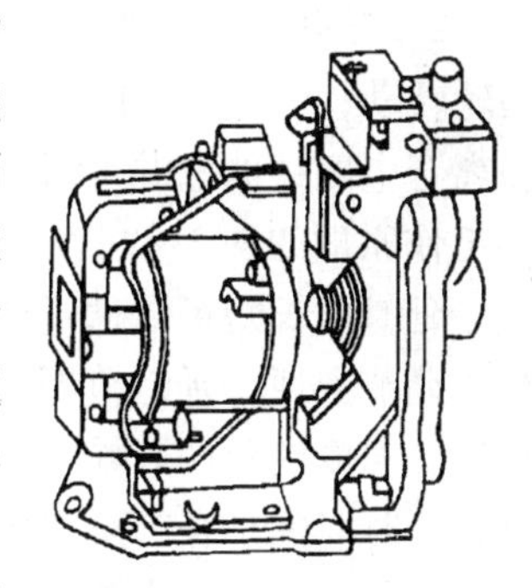

图2-80　空气阻尼式时间继电器的外形

空气阻尼式时间继电器的工作原理如图2-81所示，当线圈通电后衔铁吸合，活塞杆在塔形弹簧作用下带动活塞及橡胶膜向上移动，橡胶膜下方空气室内的空气变得稀薄而形成负压，活塞杆只能缓慢移动，其移动速度由进气孔气隙大小决定。经过一段时间延时后，活塞杆通过杠杆压动微动开关使其动作，达到延时的目的。当线圈断电时，衔铁释放，橡胶膜下方空气室的空气通过活塞肩部所形成的单向阀迅速排放，使活塞杆、杠杆、微动开关迅速复位。通过调节进气孔气隙大小可改变延时时间的长短。通过改变电磁机构在继电器上的安装方向可以获得不同的延时方式。

空气阻尼式时间继电器的动作过程有断电延时和通电延时两种。

1）断电延时。当电路通电后，断电延时时间继电器电磁线圈的静铁心产生磁场力，使衔铁克服反作用弹簧的弹力被吸合，与衔铁相连的推板向右运动，推动推杆，压缩塔形弹簧，使气室内橡胶膜和活塞缓慢向右移动，通过弹簧片使瞬时触点动作，同时也通过杠杆使延时触点做好动作准备。线圈断电后，衔铁在反作用弹簧的作用下被释放，瞬时触点复位，杠杆在塔形弹簧作用下，带动橡胶膜和活塞缓慢向左移动，经过一段时间后，推杆和活塞移动到最左端，使延时触点动作，完成延时过程。

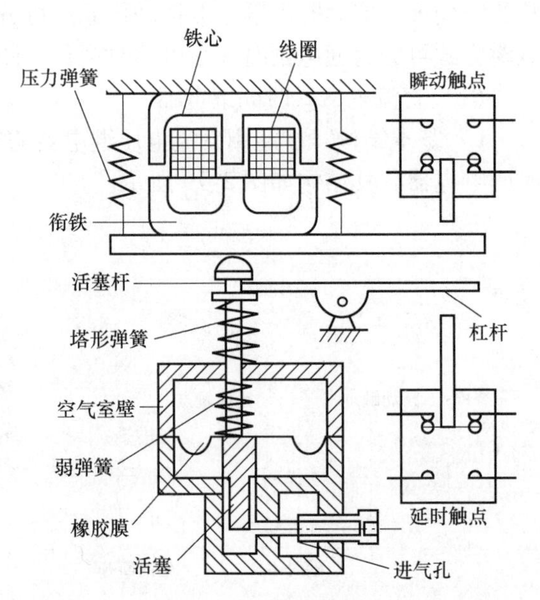

图 2-81　空气阻尼式时间继电器的工作原理

2）通电延时。只需将断电延时时间继电器的电磁线圈部分旋转 180°安装，即可改装成通电延时时间继电器。其工作原理与断电延时原理基本相同。

空气阻尼式时间继电器延时精度低且受周围环境影响较大，但延时时间长、价格低廉、整定方便，广泛用于电动机控制电路。主要型号有 JS7、JS16 和 JS23 等。

（3）电动式时间继电器

1）基本结构。电动式时间继电器是利用小型同步电动机带动减速齿轮而获得延时的。它是由同步电动机、离合电磁铁、减速齿轮、复位游丝、触点系统和推动延时触点脱扣的凸轮等组成，其外形和结构如图 2-82a、b 所示。

2）工作原理。当接通电源后，齿轮空转。需要延时时，再接通离合电磁铁，齿轮带动凸轮转动，经过一定时间，凸轮推动脱扣机构使延时触点动作，同时其动断触点同步电动机和离合电磁铁的电源等所有机构在复位游丝的作用下返回原来位置，为下次动作做好准备，其工作原理如图 2-82c 所示。

延时的长短可以通过改变指针在刻度盘上的位置进行调整。这种延时继电器定时精度高，调节方便，延时范围很大，且误差较小，可以从几秒到几小时。延时时间不受电源电压与环境温度变化的影响，但因同步电动机的转速与电源频率成正比，所以当电源频率降低时，延时时间加长，反之则缩短。这种延时继电器的缺点是结构复杂，价格较贵，齿轮容易磨损，受电源频率影响较大，不适于对频繁操作的电路的控制。

常用电动式时间继电器的型号有 JS11 系列、JS10 和 JS17 等。

（4）电子式时间继电器　电子式时间继电器主要利用电子电路来实现传统时间继电器的时间控制作用，可用于电力传动、生产过程自动控制等系统中。它具有延时范围广、精度高、体积小、消耗功率小、耐冲击、返回时间短、调节方便和使用寿命长等优点，所以多应用在传统时间继电器不能满足要求的场合，如要求延时的精度较高或控制电路相互协调需要

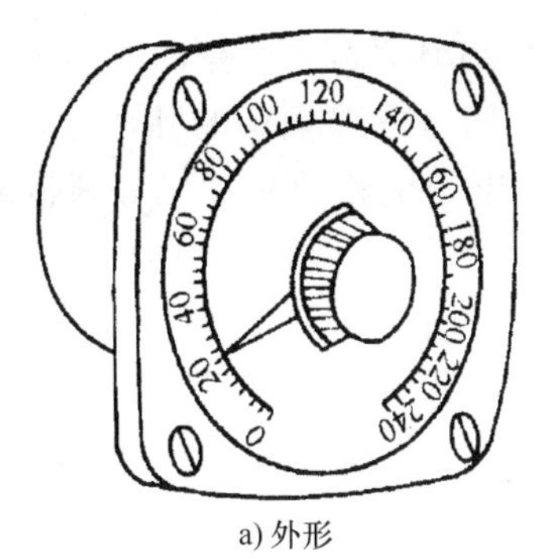

a) 外形

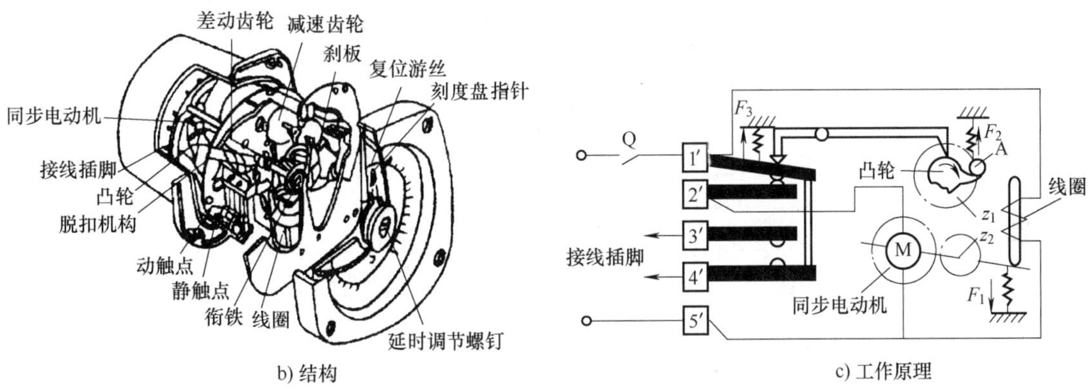

b) 结构　　c) 工作原理

图 2-82　电动式时间继电器

无触点输出时，多用电子式时间继电器。目前其在自动控制系统中的使用十分广泛。

1）基本结构。电子式时间继电器所有元件装在印制电路板上，JS14 系列时间继电器采用场效应晶体管电路和单结晶体管电路进行延时。图 2-83 所示为其外形。

2）工作原理。电子式时间继电器的种类很多，通常按电路组成原理可分为阻容式和数字式两种。

阻容式时间继电器的基本原理是利用 *RC* 积分电路中电容器的端电压在接通电源之后逐渐上升的特性，电源接通后，经变压器降压后整流、滤波、稳压，提供延时电路所需的直流电压。从接通电源开始，稳压电源经定时器的电阻向电容器充电，经过一定时间充电至某电位，使触发器翻转，控制继电器动作，为继电器触点提供所需的延时，同时断开电源，为下一次动作做好准备。调节电位器电阻即可改变延时时间的大小，图 2-84 为其原理框图。

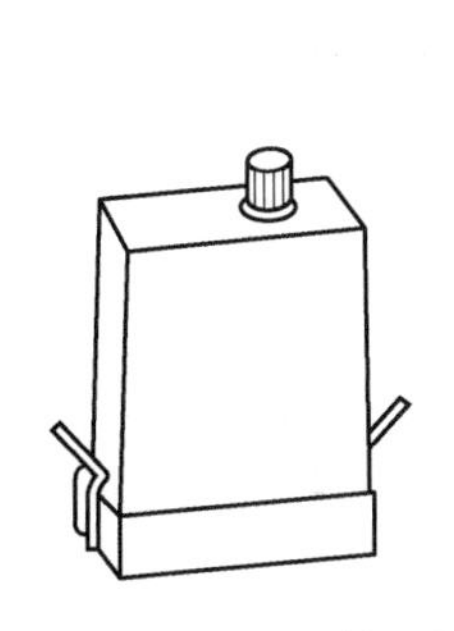

图 2-83　JS14 系列电子式时间继电器的外形

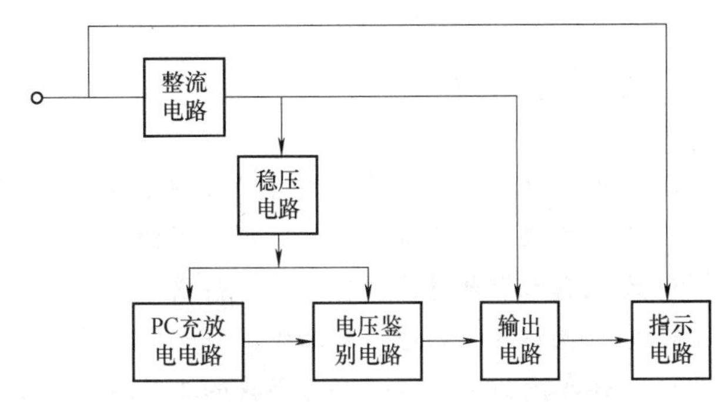

图 2-84　阻容式时间继电器原理框图

常用的阻容式时间继电器为JS20系列，其延时时间为1～900s。

数字式时间继电器主要是利用对标准频率的脉冲进行分频和计数，使延时性能大大增强，而且其内部可采用先进的微电子电路及单片机等新技术，使其具有更多优点。其延时时间长、精度高、延时类型多，各种工作状态可直观显示等。常用的数字式时间继电器有ST3P、ST6P等系列，其延时时间在0.1s～24h之间可调。数字式时间继电器原理框图如图2-85所示。

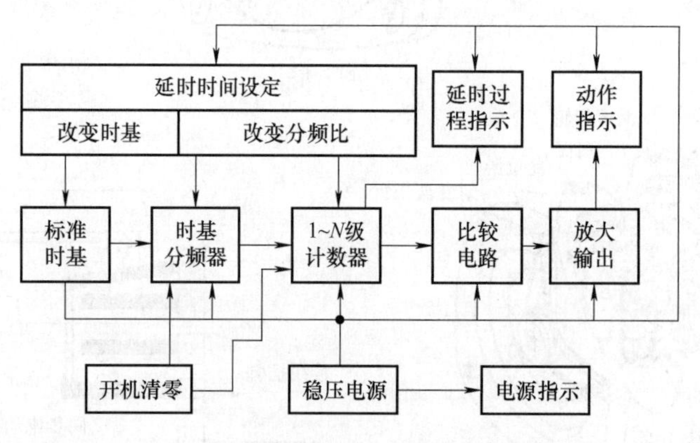

图2-85　数字式时间继电器原理框图

（5）时间继电器的型号含义　时间继电器的型号含义如下：

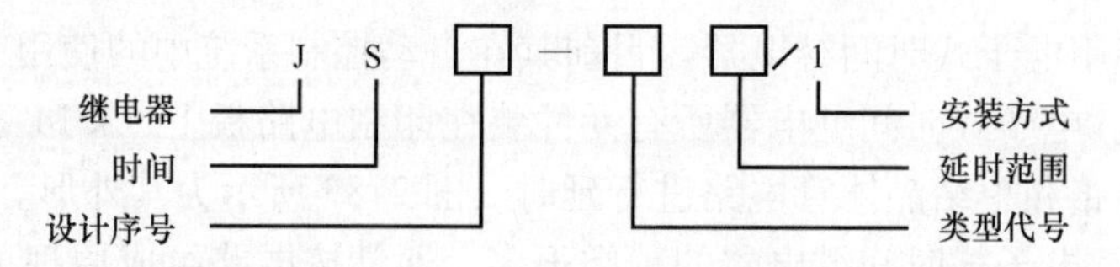

例如JS23—12/1，“JS”表示电器类型为时间继电器，“23”表示设计序号，12中的“1”表示触点形式及组合序号为1，“2”表示延时范围为10～180s，“1”表示安装方式为螺钉安装。

（6）时间继电器的选用

1）延时方式的选择。时间继电器有通电延时和断电延时两种，应根据控制电路的要求来选择延时方式。

2）线圈电压的选择。根据控制电路电压来选择时间继电器的线圈电压。

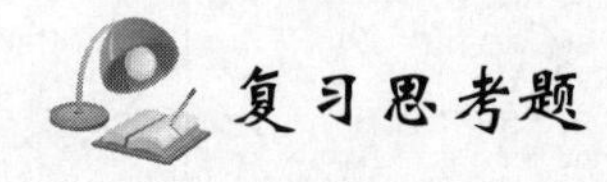

复习思考题

1. 人体触电有哪几种类型，有哪几种方式，各有何特点？
2. 在电气操作和日常用电中，哪些因素会导致触电？
3. 发现有人触电时，你将采取哪些措施？
4. 电工操作常用的通用电工工具有哪些？试简述各自的使用方法。
5. 试述单股铜芯导线一字形连接的工艺过程。
6. 如何恢复导线接头的绝缘层？

7. 电能表有何功用？绘制其接线图。
8. 数字式万用表有哪些功能？
9. 用万用表测量电阻时，如何使测量结果更为准确？
10. 断路器可以起到哪些保护作用？说明其工作原理。
11. 简述交流接触器的工作原理。
12. 交流接触器的常见故障现象有哪些，是何原因，如何排除？
13. 在电动机控制电路中，为什么安装了熔断器还要安装热继电器？

第3章　三相异步电动机控制电路

目的与要求

1. 了解电动机的工作原理，掌握电动机的接线方法。
2. 熟练掌握电动机控制电路的工作原理。
3. 学习电动机控制电路的检测方法。

3.1　初识三相异步电动机

3.1.1　三相异步电动机的结构

电机分为电动机和发电机，是实现电能和机械能相互转换的装置。对使用者来讲，广泛接触的是各类电动机。最常见的是交流电动机，尤其是三相交流异步电动机。它具有结构简单、制造方便、价格低廉、运行可靠、维修方便等一系列优点，因此，广泛应用于工农业生产、交通运输、国防工业和日常生活等许多方面。

图3-1所示为三相异步电动机的外形。三相异步电动机主要由定子和转子两大部分组成，另外还有端盖、轴承及风扇等部件，如图3-2所示。

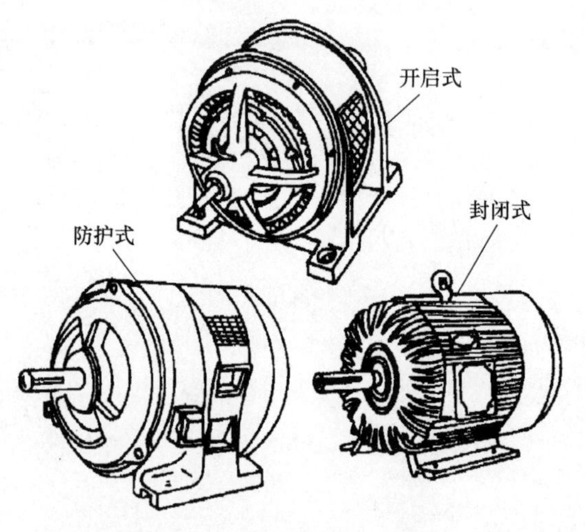

图3-1　三相异步电动机的外形

1. 定子

三相异步电动机的定子由定子铁心、定子绕组和机座等组成。

1）定子铁心是电动机的磁路部分，一般由厚度为0.5mm的硅钢片叠成，其内圆冲成均匀分布的槽，槽内嵌入三相定子绕组，绕组和铁心之间有良好的绝缘。

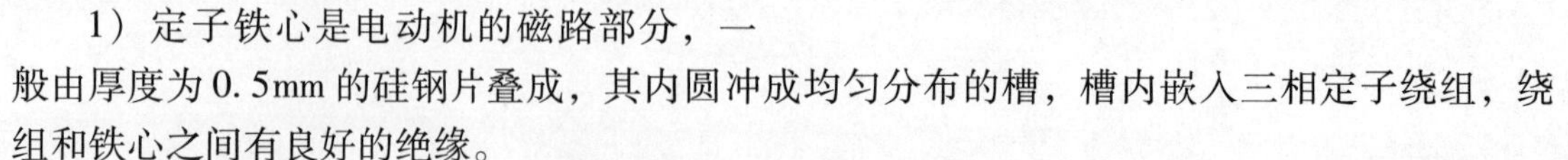

2）定子绕组是电动机的电路部分，由三相对称绕组组成，并按一定的空间角度依次嵌入定子槽内，三相绕组的首、尾端分别为U1、V1、W1和U2、V2、W2。接线方式根据电源电压不同，可接成星形（Y）或三角形（△）。

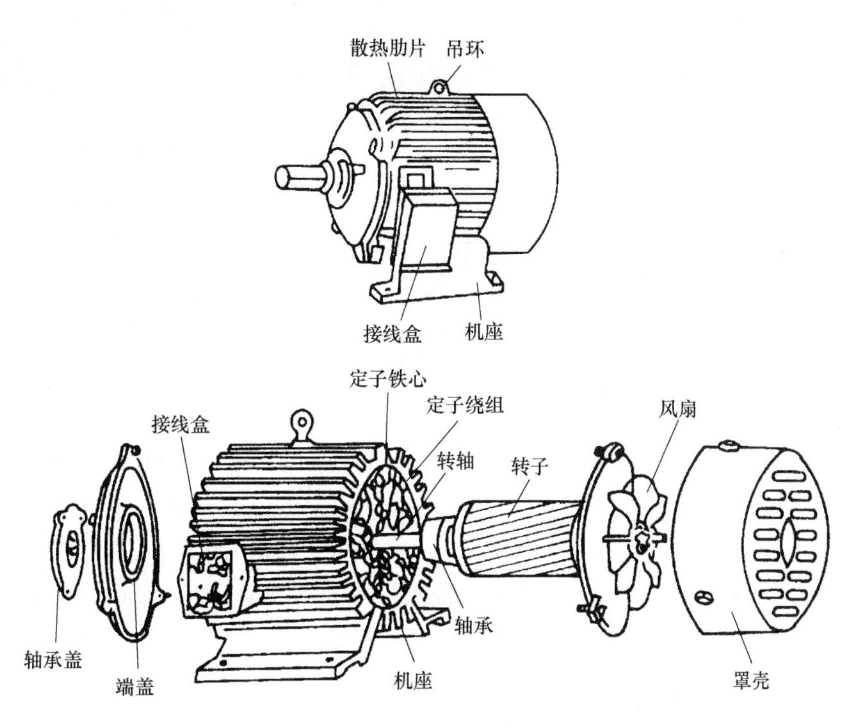

图3-2　三相异步电动机的结构

3）机座一般由铸铁或铸钢制成，其作用是固定定子铁心和定子绕组。封闭式电动机外表面还有散热肋片，以增加散热面积。

4）机座两端的端盖用来支撑转子轴，并在两端设有轴承座。

2. 转子

转子包括转子铁心、转子绕组和转轴。

1）转子铁心由厚度为0.5mm的硅钢片叠成，压装在转轴上，外圆周围冲有槽，一般为斜槽，并嵌入转子导体。

2）转子绕组有笼型和绕线转子两种。笼型转子绕组一般将铝熔化浇入转子铁心的槽内，并将两个端环与冷却用的风扇翼铸在一起；而绕线转子绕组和定子绕组相似，三相绕组一般接成星形，三个出线头通过转轴内孔分别接到三个铜制集电环上，而每个集电环上都有一组电刷，通过电刷使转子绕组与变阻器接通来改善电动机的起动性能或调节转速。

3.1.2　三相异步电动机的工作原理

三相异步电动机的工作原理如图3-3所示。当三相异步电动机定子绕组中通入对称的三相交流电时，在定子和转子的气隙中形成一个随三相电流变化而旋转的磁场，其旋转磁场的方向与三相定子绕组中电流的相序一致，三相定子绕组中电流的相序发生改变，旋转磁场的方向也跟着发生改变。对于p对磁极的三相交流绕组，旋转磁场的转速与电流频率的关系为

$$n = 60f/p$$

式中　n——旋转磁场的转速，即同步转速（r/min）；

f——定子电流的频率（我国规定为$f = 50\text{Hz}$）；

p——旋转磁场的磁极对数。

如当 $p=2$（4 极）时，$n=(60\times50/2)$ r/min = 1500r/min。

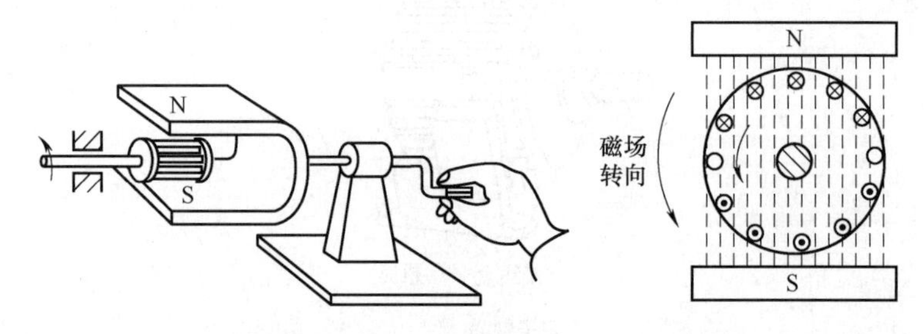

图 3-3　三相异步电动机的工作原理

该磁场切割转子导体，在转子导体中产生感应电动势（感应电动势的方向用右手定则判断）。由于转子导体通过端环相互连接形成闭合回路，所以在导体中产生感应电流。在旋转磁场和转子感应电流的相互作用下产生电磁力（电磁力方向用左手定则判断），因此，转子在电磁力的作用下沿着旋转磁场的方向旋转，转子的旋转方向与旋转磁场的旋转方向一致。

3.1.3　三相异步电动机的参数

三相异步电动机的铭牌见表 3-1。

表 3-1　三相异步电动机的铭牌

	三相异步电动机		
	型号 Y2-132S-4	功率 5.5kW	电流 11.7A
频率 50Hz	电压 380V	接法△	转速 1440r/min
防护等级 IP44	质量 68kg	工作制 SI	F 级绝缘
××电机厂			

（1）型号　表示电动机的机座形式和转子类型。国产异步电动机的型号用 Y（Y2）、YR、YZR、YB、YQB、YD 等汉语拼音字母来表示。具体含义如下：

1）Y——笼型转子异步电动机（功率为 0.55～90kW）。

2）YR——绕线转子异步电动机（功率为 250～2500kW）。

3）YZR——起重机上用的绕线转子异步电动机。

4）YB——防爆式异步电动机。

5）YQB——浅水排灌异步电动机。

6）YD—— 多速异步电动机。

（2）功率（P_N）　表示在额定条件下运行时，电动机轴上输出的机械功率（kW）。

（3）电压（U_N）　在额定条件下运行时，定子绕组端应加的线电压值，一般为 220V/380V。

（4）电流（I_N）　在额定条件下运行时，定子的线电流（A）。

（5）接法　指电动机定子三相绕组接入电源的方式。

（6）转速（n）即额定运行时的电动机转速。

（7）功率因数（$\cos\varphi$）　指电动机输出额定功率时的功率因数，一般为0.75～0.90。

（8）效率（η）　电动机满载时输出的机械功率 P_2 与输入的电功率 P_1 之比，即 $\eta = P_2/P_1 \times 100\%$。另外 $P_1 - P_2 = \Delta P$。ΔP 表示电动机的内部损耗（铜损、铁损和机械损耗）。

（9）防护形式　电动机的防护形式由IP和两个阿拉伯数字表示，数字代表防护形式（如防尘、防溅）的等级。

（10）温升　电动机在额定负荷下运行时，自身温度高于环境温度的允许值。如允许温升为80℃，周围环境温度为35℃，则电动机所允许达到的最高温度为115℃。

（11）绝缘等级　是由电动机内部所使用的绝缘材料决定的，它规定了电动机绕组和其他绝料材料可承受的允许温度。目前Y系列电动机大多数采用B级绝缘，B级绝缘的最高允许温度为130℃；高压和大功率电动机采用H级绝缘，H级绝缘最高允许工作温度为180℃。

（12）运行方式　有连续、短时和间歇三种，分别用 S_1、S_2、S_3 表示。

3.1.4　三相异步电动机的接线

电动机接线前首先要用绝缘电阻表检查电动机的绝缘。额定电压在1000V以下的，绝缘电阻不应低于0.5MΩ。

三相异步电动机的接线主要是指接线盒内的接线。电动机的定子绕组是三相异步电动机的电路部分，由三相对称绕组组成，三个绕组按一定的空间角度依次嵌放在定子槽内。三相绕组的首端分别用U1、V1、W1表示，尾端对应用U2、V2、W2表示。为了便于变换接法，三相绕组的六个线头都引到电动机的接线盒内，如图3-4所示。根据电源电压的不同和电动机铭牌的要求，电动机三相定子绕组可以接成星形（Y）联结或三角形（△）联结两种形式。三角形（△）联结即将第一相的尾端U2接第二相的首端V1，第二相的尾端V2接第三相的首端W1，第三相的尾端W2接第一相的首端U1，然后将三个接点分别接三相电源，如图3-5所示。星形（Y）联结即将三相绕组的尾端U2、V2、W2接在一起，首端U1、V1、W1分别接到三相电源，如图3-6所示。

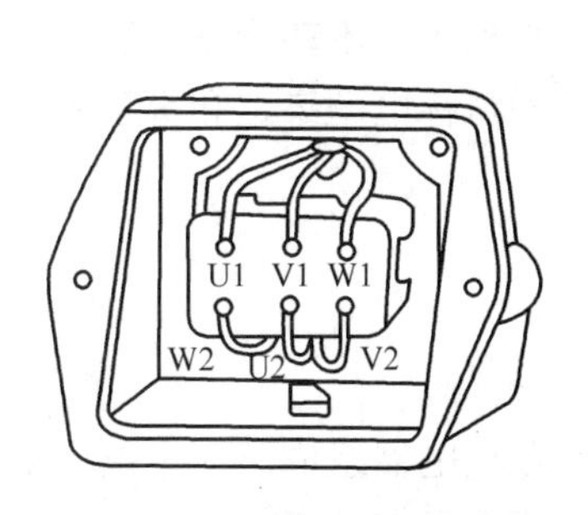

图3-4　电动机的接线盒

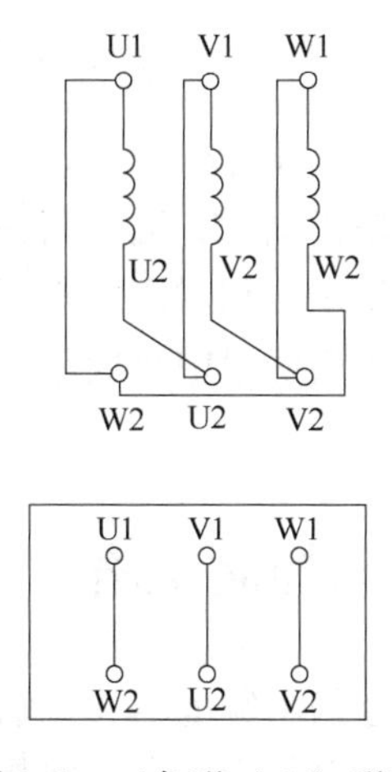

图3-5　三角形（△）联结

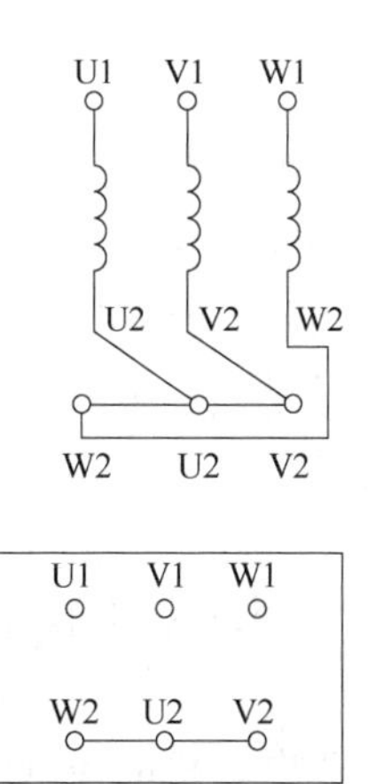

图3-6　星形（Y）联结

1. 用干电池和万用表判别首、尾端

1）判别三个绕组各自的首、尾端。把万用表调到电阻挡，因同一相绕组的电阻很小，故根据电阻的大小可分清哪两个线端属于同相绕组，同一相绕组的电阻很小。

2）判别其中两相绕组的首、尾端。先把万用表调到直流电流最小挡位，再把任意一相绕组的两个线端接到万用表上并指定接表“+”端的为该相绕组的首端，接表“-”端的为尾端。然后将另外任意一相绕组的两个线端分别接干电池的“+”和“-”极，如图3-7所示。若干电池接通瞬间，万用表表针正偏转，则与电池“+”极相接的线端为绕组的尾端，另一端为首端。若表针反偏转，则该相绕组的首、尾端与上述相反。

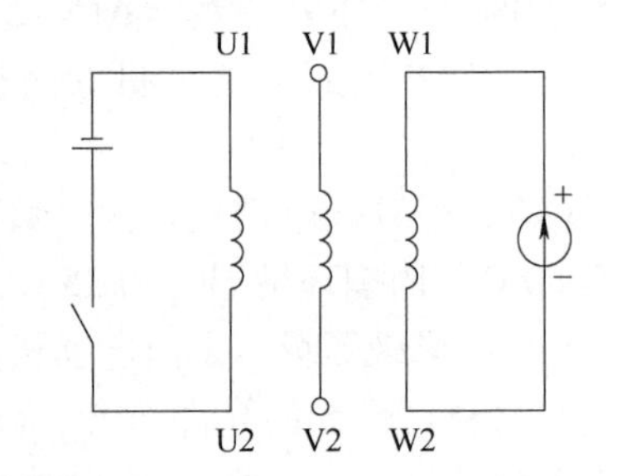

图3-7　两相绕组首、尾端的识别

3）判别最后一相绕组的首、尾端。按前面万用表所接的这相绕组不动，将剩下的一相绕组的两个线端分别去接干电池的“+”和“-”极，用上述相同的方法即可判断出最后一相绕组的首、尾端。

2. 单独用万用表判别首、尾端

1）先将万用表调到电阻挡，根据电阻的大小可分清哪两个线端属于同相绕组。

2）将万用表调到直流电流最小挡位，电动机三相绕组接线如图3-8所示。

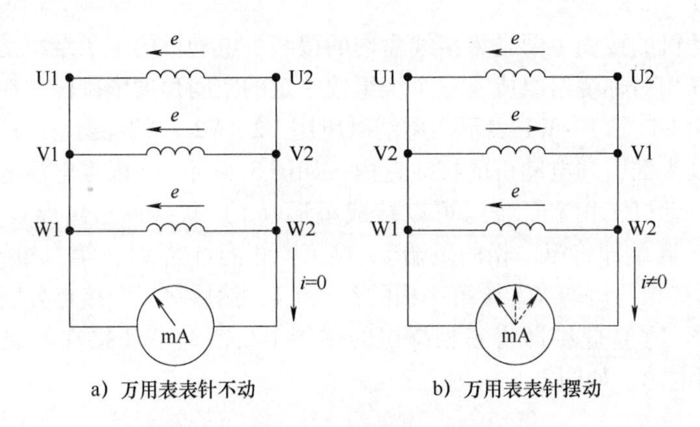

图3-8　用万用表判别绕组的首尾端

3）用手用力朝某一方向转动电动机的转子，若此刻万用表的表针不动，如图3-8a所示，则说明三相绕组首尾端的区分是正确的；若表针瞬间摆动，如图3-8b所示，则说明有一相绕组的首尾接反了。要一相一相地分别对调后重新试验，直到表针不动为止。这种方法是利用转子铁心中的剩磁，在定子三相绕组中感应电动势和三相对称电动势之和等于零的原理实现的。

3.2　三相异步电动机典型的控制电路

异步电动机的控制电路绝大部分仍由继电器、接触器等有触点电器组成。一个电力拖动系统的控制电路可以比较简单，也可以相当复杂。但是，从实践中可知，任何复杂的控制电路总是由一些比较简单的环节有机地组合起来的。本节通过介绍三相异步电动机的正转控制、三相异步电动机的正反转控制、减压起动控制等典型的控制电路，使从业人员掌握基本电气控制电路的安装、调试与维修技能，并为后续掌握复杂电气控制电路的工作原理、故障分析和处理打下良好的基础。

3.2.1　点动正转控制电路

点动正转控制电路是用按钮、接触器来控制电动机运转的最简单的正转控制电路，如图 3-9 所示。所谓点动控制是指按下按钮，电动机就起动运转；松开按钮，电动机就失电停转。这种控制方法常用于金属加工机床某一机械部分的快速移动和电动葫芦的升、降及移动控制。

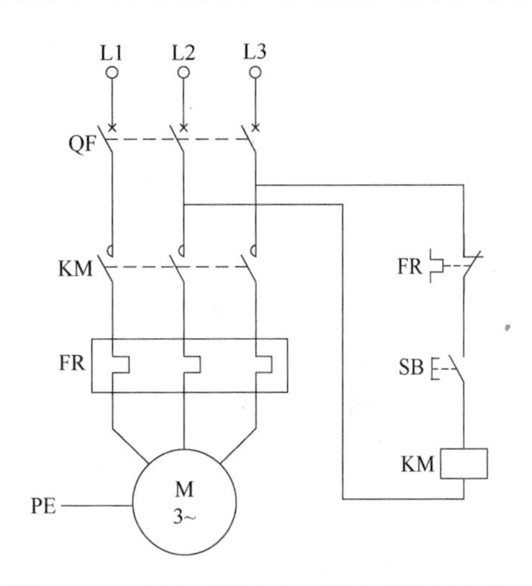

图 3-9　三相笼型异步电动机点动控制电路

点动正转控制电路中，断路器 QF 用作电源开关；起动按钮 SB 控制接触器 KM 的线圈得电、失电；接触器 KM 的主触点控制电动机 M 的起动与停止。

当电动机 M 需要点动时，先合上断路器 QF，此时电动机 M 尚未接通电源。按下起动按钮 SB，接触器 KM 的线圈得电，使衔铁吸合，同时带动接触器 KM 的三对主触点闭合，电动机 M 便接通电源起动运转。当电动机需要停转时，只需松开起动按钮 SB，使接触器 KM 的线圈失电，衔铁在复位弹簧作用下复位，使接触器 KM 的三对主触点分断，电动机 M 失电停转。

在分析各种控制电路的原理时，为了简单明了，常用电器文字符号和箭头配以少量文字说明线路的工作原理。如点动正转控制电路的工作原理可叙述如下：

先合上电源开关 QF。

起动：按下 SB→KM 线圈得电→KM 主触点闭合→电动机 M 起动运转。

停止：松开 SB→KM 线圈失电→KM 主触点分断→电动机 M 失电停转。

停止使用时断开电源开关 QF。

用接触器控制电动机比用手动开关控制电动机有许多优点。它不仅能实现远距离自动控制，具备欠电压、失电压保护功能，而且具有控制功率大、工作可靠、操作频率高、使用寿命长等优点，因而在电力拖动系统中得到了广泛应用。

1. 实训内容

1）点动正转控制电路的安装。

2）硬线配线操作。

3）通电调试前的检查。

2. 实训器材

常用电工工具，绝缘电阻表、万用表、钳形电流表，塑铜线、包塑金属软管及接头，三相异步电动机、断路器、熔断器、交流接触器、按钮和端子板等。

3. 实训步骤及要求

1）识读点动正转控制电路，明确电路所用电气元器件及其作用，熟悉电路的工作原理。

2）清点所用电气元器件并进行检测。

3）在控制板上安装电气元器件，并贴上醒目的文字符号，工艺要求如下：

① 断路器、熔断器受电端应安装在控制板的外侧，并使熔断器的受电端为底座中心端。

② 各元件的安装位置应整齐、匀称，间距合理，便于元件的更换，紧固各元件时，要用力均匀，紧固程度适当。

③ 对熔断器、接触器等易碎裂元件进行紧固时，应更加谨慎，以免损坏。

4）按电气安装接线图的走线方法进行明线布线，明线布线的工艺要求如下：

① 布线通道尽可能少，同路并行导线按主电路、控制电路分类集中。单层密排，紧贴安装面布线。

② 同一平面的导线应高低一致，尽量不交叉。非交叉不可时，该根导线不要有接点，布线应横平竖直，分布均匀，变换走向时应垂直。

③ 布线时严禁损伤线芯和导线绝缘。

④ 布线顺序一般以接触器为中心，由里向外，由低至高，先控制电路，后主电路进行，以不妨碍后续布线为原则。

⑤ 所有从一个接线端子（或接线桩）到另一个接线端子（或接线桩）的导线必须连续，中间无接头。

⑥ 导线与接线端子或接线柱连接时，不得挤压绝缘层，也不能露铜过长。

⑦ 同一个元件、同一回路的不同接点的导线间距离应保持一致。

⑧ 一个电气元器件接线端子上的连接导线不得多于两根，每节接线端子板上的连接导线一般只允许连接一根。

5）安装完毕的控制电路板，必须经过认真检查以后，才允许通电调试，以防止错接、漏接而造成电动机不能正常运转或短路事故。

① 按电气原理图从电源端开始，逐段核对，有无漏接、错接之处。检查导线接点压接是否牢固。接触应良好，以免带负荷运行时产生闪弧现象。

② 用万用表检查线路的通断情况，对控制电路的检查，可将表笔分别搭在 U、V 线端上（控制电路的电源端），读数应为“∞”。按下起动按钮 SB 时，读数应为接触器线圈的电阻值，然后断开控制电路再检查主电路有无开路或短路现象。

③ 用绝缘电阻表检查线路的绝缘电阻应大于 1MΩ。

6）通电调试。在通电调试时，应当一人监护，另一人操作。

① 通电调试前，必须征得教师同意，并由教师接通三相电源 L1、L2、L3，同时在现场监护。学生合上电源开关 QF 后，用验电器检查电源是否接通。按下起动按钮 SB，观察接触器情况是否正常，电动机运行是否正常等。当电动机运转平稳后，用钳形电流表测量三相电流是否平衡。

② 出现故障后，学生应独立进行检修。若需带电进行检查，教师必须在现场监护。

③ 通电试机完毕后切断电源，先拆除电源线，再拆除电动机线。

4. 注意事项

电动机及按钮的金属外壳必须可靠接地，接至电动机的导线必须穿在导线通道内加以保护，或采用坚韧的四芯橡皮线或塑料护套线进行临时通电校验，电源进线应接在螺旋式熔断器的下接线座上，出线则应接在上接线座上。按钮内接线时，用力不可过猛，以防螺钉打滑。

3.2.2　连续正转控制电路

有些机床或生产机械，需要电动机连续运转，采用点动正转控制电路显然是不行的。另外，在连续正转控制电路中，由接触器 KM 作为欠电压和失电压保护，又因为电动机在运行过程中如果负荷长期过大，或起动操作频繁，或者断相运行等原因，都有可能使电动机定子绕组的电流增大，超过其额定值。在这种情况下，熔断器往往并不熔断，从而引起定子绕组过热，使温度升高；若温度超过允许温升就会使绝缘损坏，缩短电动机的使用寿命，严重时甚至会使电动机的定子绕组烧毁。因此，对电动机还必须采取过载保护措施。过载保护是指当电动机过载时能自动切断电动机电源，使电动机停转的一种保护。最常用的过载保护是由热继电器来实现的，具有过载保护的自锁正转控制电路如图 3-10 所示。

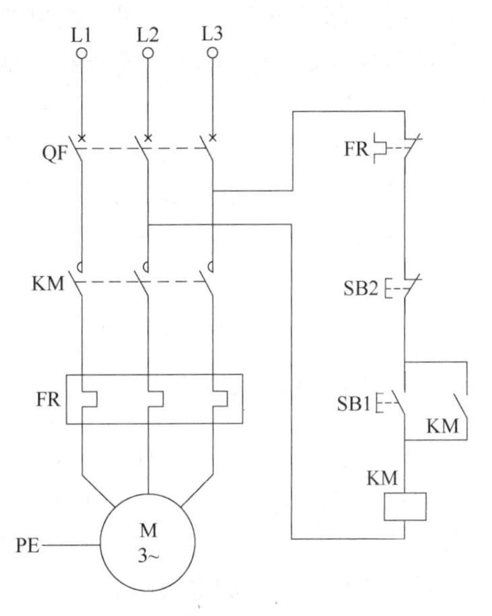

图 3-10　三相笼型异步电动机具有过载保护的自锁正转控制电路

这种电路在控制电路中串接了一个停止按钮 SB2 和热继电器 FR 的常闭触点，在起动按钮 SB1 的两端并接了接触器 KM 的一对常开辅助触点。其动作流程如下：

合上电源开关QF → 按下起动按钮SB1 → KM线圈得电 → KM主触点闭合 → 电动机M自动连续运转
　　　　　　　　　　　　　　　　　　　　　　　└→ KM常开辅助触点闭合 ←┘

当松开起动按钮 SB1 使其常开触点恢复分断后，因为接触器 KM 处于吸合状态，常开辅助触点仍然闭合，控制电路应保持接通。所以，接触器 KM 继续得电，电动机 M 实现连续运转。像这种接触器 KM 通过自身常开辅助触点使线圈保持得电的作用叫作自锁。与起动按钮 SB1 并联起自锁作用的常开辅助触点叫作自锁触点。

当按下停止按钮 SB2 后，控制电路被切断，接触器 KM 的自锁触点同时分断，解除了自锁；起动按钮 SB1 也是分断的，接触器 KM 不能得电，电动机 M 停止转动。其动作流程如下：

如果电动机在运行过程中，由于过载或其他原因使电流超过额定值，那么经过一定时间，串接在主电路中的热继电器热元件因受热发生弯曲，通过动作机构使串接在控制电路中的常闭触点分断，切断控制电路，接触器 KM 的线圈失电，其主触点、自锁触点分断，电动机 M 失电停转，达到了过载保护的目的。

在照明、电加热等电路中，熔断器 FU 既可以作为短路保护，也可以作为过载保护。但是，在三相异步电动机控制电路中，熔断器只能用作短路保护。因为三相异步电动机的起动电流很大（全压起动时的起动电流能达到额定电流的 4 ~ 7 倍），若用熔断器作为过载保护，则选择熔断器的额定电流就应等于或略大于电动机的额定电流。这样电动机在起动时，起动电流会大大超过熔断器的额定电流，使熔断器在很短的时间内熔断，造成电动机无法起动。所以，熔断器只能用作短路保护，熔体额定电流应取电动机额定电流的1.5~2.5倍。

热继电器在三相异步电动机控制电路中只能用作过载保护，不能用作短路保护。因为热继电器的热惯性大，即热继电器的双金属片受热膨胀弯曲需要一定的时间。当电动机发生短路时，由于短路电流很大，热继电器还没来得及动作，供电电路和电源设备可能已经损坏。而在电动机起动时，由于起动时间很短，热继电器还未动作，电动机已经起动完毕。总之，热继电器与熔断器两者所起的作用不同，不能互相代替。

3.2.3 正反转控制电路

在生产加工过程中，往往要求电动机能够实现可逆运行。如机床工作台的前进与后退、主轴的正转与反转、起重机吊钩的上升与下降等，这就要求电动机可以正反转。由电动机原理可知，若将接至电动机的三相电源进线中的任意两相对调，即可使电动机反转。下面介绍接触器联锁正反转控制电路和双重联锁正反转控制电路。

（一）接触器联锁正反转控制电路

接触器联锁的正反转控制电路中采用了两个接触器，即正转用的接触器KM1和反转用的接触器KM2，它们分别由正转按钮SB1和反转按钮SB2控制。从主电路可以看出，这两个接触器的主触点所接通的电源相序不同，相应的控制电路有两条：一条是由按钮SB1和KM1线圈等组成的正转控制电路；另一条是由按钮SB2和KM2线圈等组成的反转控制电路。

必须指出，接触器KM1和KM2的主触点决不允许同时闭合，否则将造成两相电源短路事故。为了避免两个接触器KM1和KM2同时得电动作，在正反转控制电路中分别串接了对方接触器的一对常闭辅助触点。这样，当一个接触器得电动作时，通过其常闭辅助触点使另一个接触器不能得电动作。接触器间这种互相制约的作用叫作接触器联锁（或互锁）。实现联锁作用的常闭辅助触点称为联锁触点（或互锁触点），联锁符号用“▽”表示。接触器联锁正反转控制线路如图3-11所示。

正转控制：合上电源开关QF→按下正转起动按钮SB1→KM1线圈得电→KM1主触点和自锁触点闭合、KM1联锁触点断开→电动机M正转。

反转控制：合上电源开关QF→按下反转起动按钮SB2→KM2线圈通电→KM2主触点和自锁触点闭合、KM2联锁触点断开→电动机M反转。

停止：按下停止按钮SB3→控制电路失电→KMI（或KM2）主触点分断→电动机M失电停转。

从以上分析可见，接触器联锁正反转控制电路的优点是工作安全可靠，缺点是操作不便。因为电动机从正转变成反转时，必须先按下停止按钮后，才能按反转起动按钮，否则由于接触器的联锁作用，不能实现反转。为克服此电路的不足，可采用按钮联锁或按钮和接触器双重联锁的正反转控制电路。

1. 实训内容

1）接触器联锁正反转控制电路的安装。

2）软线的布线方法及工艺要求。

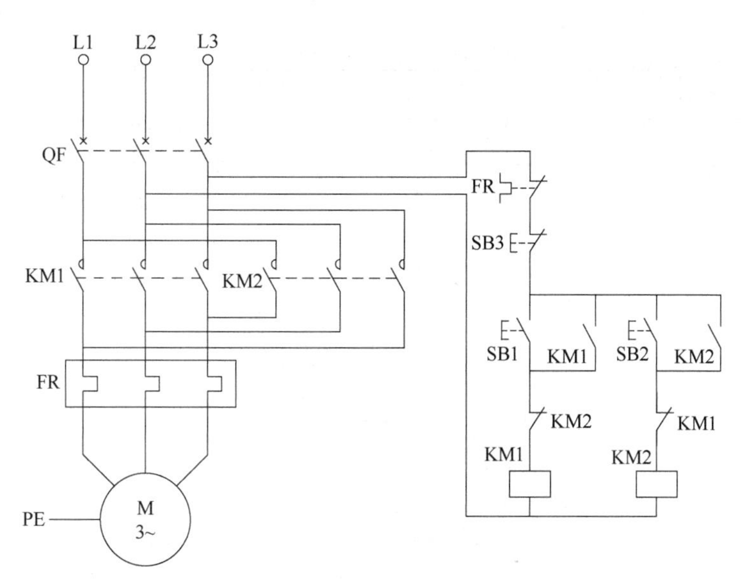

图 3-11　接触器联锁正反转控制电路

2. 实训器材

常用电工工具，绝缘电阻表、钳形电流表、万用表、紧固体、编码套管、针形及 U 形轧头、走线槽、塑铜线、包塑金属软管及软管接头等，三相异步电动机、断路器、熔断器、热继电器、交流接触器、按钮和端子板等。

3. 实训步骤及要求

1）根据电动机的型号配齐所用电气元器件，并进行质量检验。

2）在控制板上安装走线槽和所有电气元器件，并贴上醒目的文字符号。

3）确保配电盘内部布线的正确性。

4）可靠连接电动机和各电气元器件金属外壳的保护接地线。

5）连接电源、电动机、按钮等配电盘外部的导线。

6）检查无误后通电试机。

4. 注意事项

1）接触器联锁触点接线必须正确，否则将会造成主电路中两相电源短路事故。

2）线路全部安装完毕后，用万用表电阻挡测量 FU2 下口两端是否导通，如导通则说明线路中有短路情况，应进行检查并排除。

3）通电试机时，应先合上 QF，再按下 SB1（SB2）及 SB3，看控制是否正常，并在按下 SB1 后再按下 SB2，观察有无联锁作用。

4）通电调试时必须有指导教师在现场监护，出现异常情况后应立即切断电源。

（二）双重联锁正反转控制电路

为克服接触器联锁正反转控制电路操作不便的缺点，把正转按钮 SB1 和反转按钮 SB2 换成两个复合按钮，并使两个复合按钮的常闭触点代替接触器的联锁触点，就构成了按钮联锁的正反转控制电路，如图 3-12 所示。该电路工作时，先合上电源开关 QF，按下 SB1，电动机 M 正转；按下 SB2，电动机 M 反转；按下 SB3，整个控制电路失电，主触点分断，电动机 M 失电停转。

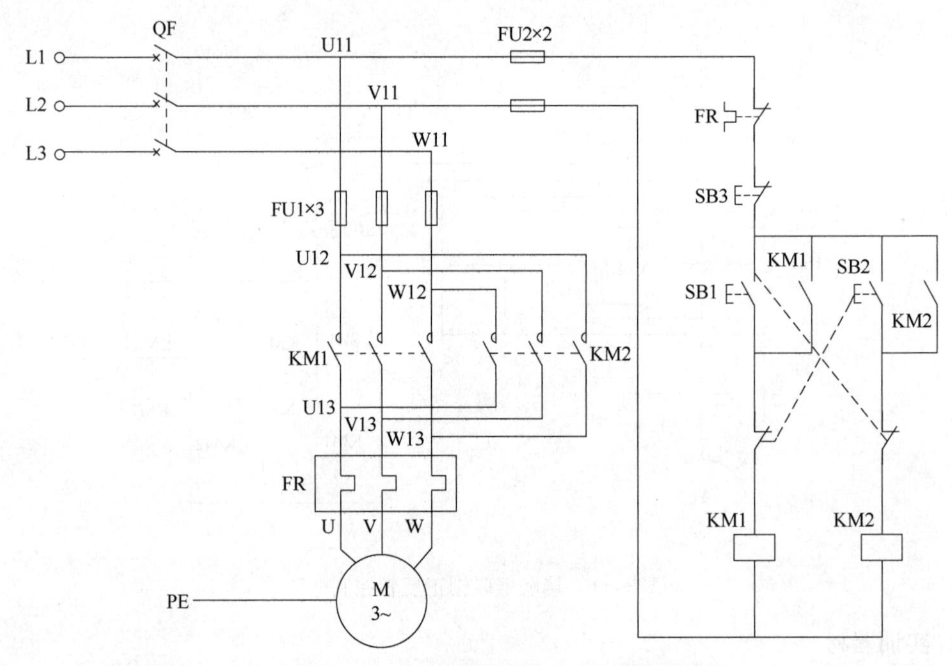

图 3-12　按钮联锁正反转控制电路

1. 实训内容

1）按钮联锁的正反转控制电路的安装。

2）按钮联锁转换成双重联锁电路。

2. 实训器材

常用电工工具，绝缘电阻表、钳形电流表、万用表，按钮联锁的正反转控制电路板和编码套管等，其规格和数量按需要而定。

3. 实训步骤及要求

1）根据图 3-12 所示正反转控制的电气原理图先完成按钮联锁正反转控制电路的安装，再改装成双重联锁正反转控制电路。

2）操作 SB1 或 SB2 时，注意观察 KM1 和 KM2 的动作变化，并体会该电路的特点。

4. 注意事项

1）复合按钮的常闭触点应串接在互锁电路中，否则不能起到按钮联锁的作用。

2）安装按钮联锁试机成功后，再进行双重联锁正反转控制电路的改装。

3）改装电路时必须弄清图样上的每个点和每根线与实际线路的每个点和每根线，避免将电路弄乱。

4）电路全部安装完毕后，用万用表电阻挡测量 FU2 下口两端是否导通，如导通则说明线路中有短路情况，应进行检查并排除。

5）通电调试时，必须有指导教师在现场监护，出现异常情况应立即切断电源。

3.2.4　自动往返控制电路

在生产实践中，有些生产机械的工作台需要自动往复运动，如铣床、磨床、刨床、插床等机床控制电路。最基本的自动往复循环控制电路如图 3-13 所示，它是利用行程开关实现往复运动控制的。

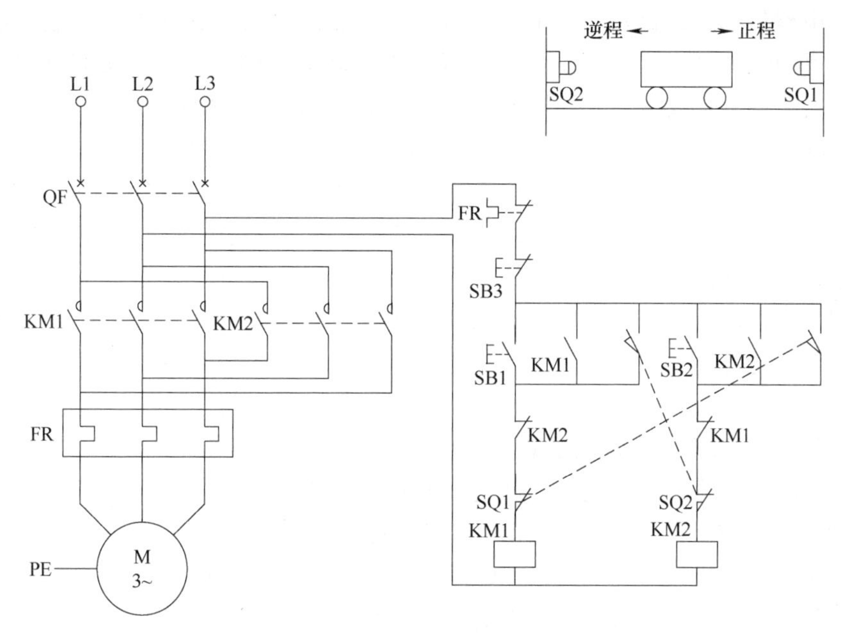

图 3-13　自动往复循环控制电路

限位开关 SQ1 放在右端需要反向的位置，而 SQ2 放在左端需要右向的位置，机械挡铁要安装在运动部件上。起动时，利用正向或反向起动按钮，如按下正转按钮 SB1，KM1 通电吸合并自锁，电动机正向旋转，带动工作台运动部件右移。当运动部件移至右端并碰到 SQ1 时，将 SQ1 压下，其动断触点断开，切断 KM1 接触器线圈电路，同时其动合触点闭合，接通反转接触器 KM2 线圈电路，此时电动机由正向旋转变为反向旋转，带动运动部件向左移动，直到压下 SQ2 限位开关，电动机由反转又变成正转。这样，驱动部件进行往复的循环运动。

由上述控制情况可以看出，运动部件每经过一个自动往复循环，电动机要进行两次反接制动过程，将出现较大的反接制动电流和机械冲击。因此，这种线路只适用于功率较小、循环周期较长、电动机转轴具有足够刚性的拖动系统中。另外，在选择接触器容量时，应比一般情况下选择的容量大一些。

利用限位开关除了可实现往复循环之外，还可实现控制部件运动到预定点后自动停止的限位保护等电路，其应用相当广泛。

该电路工作时，合上电源开关 QF→按下起动按钮 SB1→接触器 KM1 通电→电动机 M 正转→工作台右行→工作台前进到一定位置时撞块压动限位开关 SQ1→SQ1 常闭触点断开→KM1 断电→M 停止右转。

SQ1 常开触点闭合→KM2 通电→电动机 M 改变电源相序而反转→工作台左行→工作台后退到一定位置时撞块压动限位开关 SQ2→SQ2 常闭触点断开→KM2 断电→M 停止左转。

SQ2 常开触点闭合→KM1 通电→电动机 M 又正转，工作台又右行，如此往复循环工作，直至按下停止按钮 SB3→KM1（或 KM2）断电→电动机停止转动。

3.2.5　减压起动控制电路

前面介绍的三相异步电动机控制电路采用全压起动方式。所谓全压起动是指起动时加在电动机定子绕组上的电压为电动机的额定电压。全压起动也称为直接起动，其优点是电气设备少，控制电路简单，维修量小。但异步电动机全压起动时，起动电流一般为额定电流的4～7倍，在电源变压器容量不够大，而电动机功率较大的情况下，直接起动将导致电源变压器输出电压下降，不仅减小电动机本身的起动转矩，而且会影响同一供电网中其他电气设备的正常工作。因此，较大功率的电动机需采用减压起动。所谓减压起动是指在起动时降低加在电动机定子绕组上的电压，当电动机起动后，再将电压升到额定值，使之在额定电压下运转。由于电流与电压成正比，所以，减压起动可以减小起动电流，进而减小在供电线路上因电动机起动所造成的过大电压降，减小了对线路电压的影响，这是减压起动的根本目的。一般减压起动时的起动电流控制在电动机额定电流的2～3倍。

一般规定，电源容量在180kV·A以上，电动机功率在7kW以下的三相异步电动机，采用直接起动。

三相异步电动机减压起动方法有定子绕组串接电阻或电抗器减压起动、自耦变压器减压起动、星形—三角形变换减压起动、延边三角形减压起动等。尽管方法各异，目的都是限制电动机起动电流，减小供电线路因电动机起动引起的电压降。

定子绕组串接电阻减压起动是指在电动机起动时把电阻串接在电动机定子绕组与电源之间，通过电阻的分压作用降低定子绕组上的起动电压，待电动机转速接近额定转速时，再将串接电阻短接，使电动机在额定电压下运行。这种起动方式由于不受电动机接线形式的限制，设备简单、经济，故获得广泛应用。这种减压起动控制电路有手动控制、按钮与接触器控制、时间继电器自动控制等。

（一）按钮与接触器控制电路

按钮与接触器控制电气原理如图3-14所示。

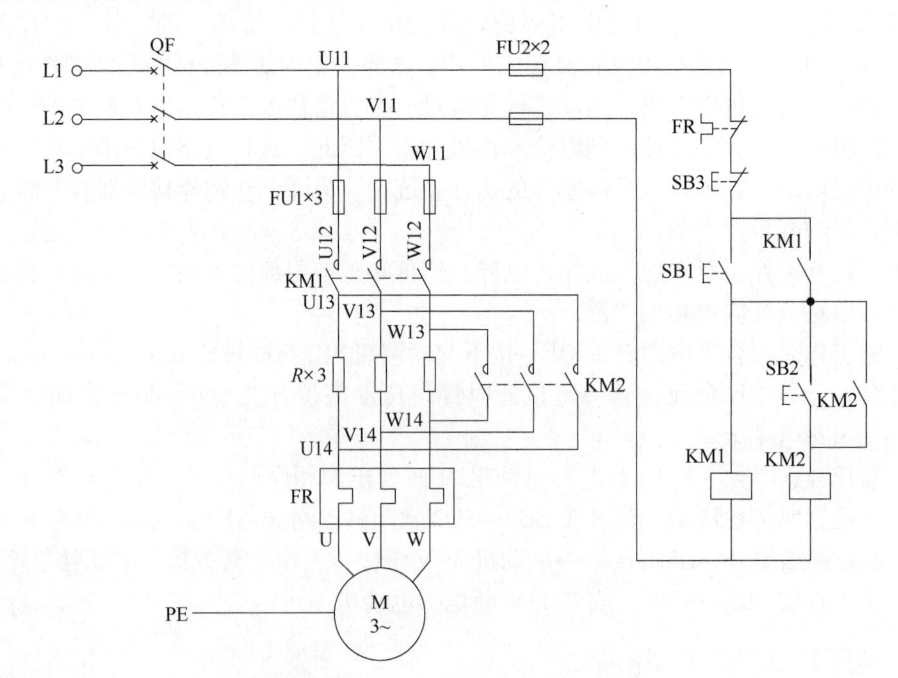

图3-14　按钮与接触器控制电气原理

其动作流程如下：

合上电源开关QF → 按下SB1 → KM1线圈得电 ┬→ KM1自锁触点闭合自锁 ┬→ 电动机M串电阻R减压起动
　　　　　　　　　　　　　　　　　　　　　└→ KM1主触点闭合 ────┘

$\xrightarrow{\text{至转速上升到一定值}}$ 按下升压按钮SB2 → KM2线圈得电 ┬→ KM2自锁触点闭合自锁
　　　　　　　　　　　　　　　　　　　　　　　　　　　　　└→ KM2主触点闭合 → R被短接 → 电动机M全压运转

停止时，按下 SB3 即可实现。

（二）时间继电器自动控制电路

时间继电器自动控制电气原理如图 3-15 所示。此电路中用时间继电器 KT 代替图 3-14 线路中的按钮 SB2，从而实现了电动机从减压起动到全压运行的自动控制。只要调整好时间继电器 KT 触点的动作时间，电动机由起动过程切换到运行过程就能准确可靠地完成。

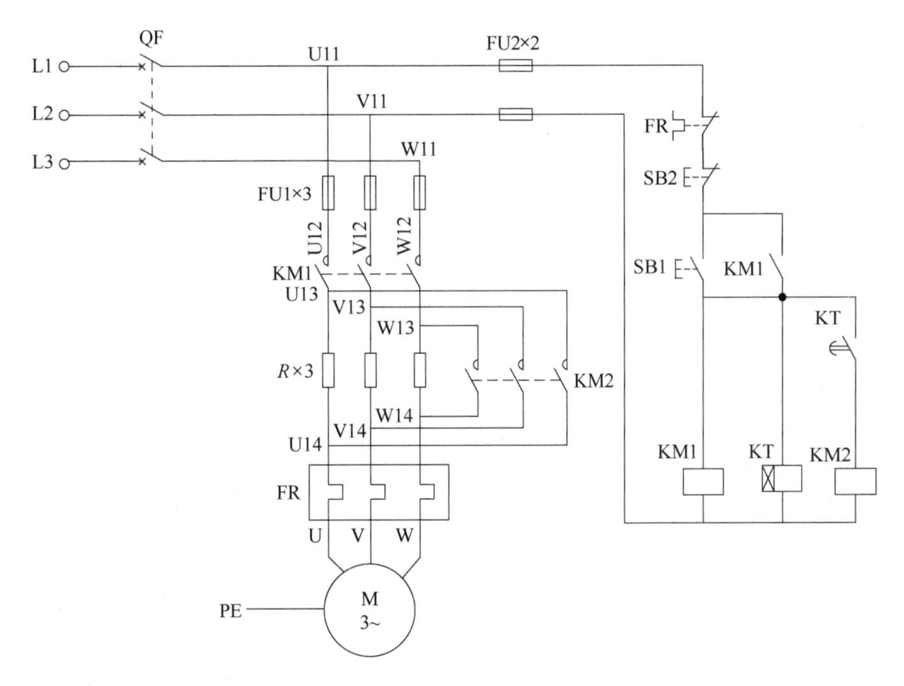

图 3-15　时间继电器自动控制电气原理

其动作流程如下：

合上电源开关QF → 按下SB1 ┬→ KM1线圈得电 ┬→ KM1自锁触点闭合自锁 ┬→ 电动机M串电阻R减压起动
　　　　　　　　　　　　　　│　　　　　　　　└→ KM1主触点闭合 ────┘
　　　　　　　　　　　　　　└→ KT线圈得电 $\xrightarrow{\text{至转速上升到一定值时，KT延时结束}}$ KT常开触点闭合 →

→ KM2线圈得电 → KM2主触点闭合 → R被短接 → 电动机M全压运转

停止时，按下 SB2 即可实现。

通过分析发现，虽然电动机 M 能够完成减压起动过程，但是接触器 KM1 和 KM2、时间继电器 KT 均需长时间通电，造成能耗的增加和电器寿命的缩短。为了弥补原有线路设计中的不足，将主电路中 KM2 的三对主触点不直接并接在起动电阻 R 两端，而是将 KM2 主触点电源端与KM1主触点电源端并接在一起，这样接触器KM1和时间继电器KT只做短时间减压起动用，待电动机全压运转后就全部从线路中切除，从而延长了接触器KM1和时间继电器KT的使用寿命，节省了电能，提高了电路的可靠性。起动电阻R一般采用ZX1、ZX2系列铸铁电阻。铸铁电阻能够通过较大电流，功率大。定子绕组串接电阻减压起动控制电路的缺点是减少了电动机的起动转矩，同时起动时在电阻上功率消耗也较大。如果起动频繁，则电阻的温度很高，故目前这种减压起动的方法在生产实际中的应用正在逐步减少。

1. 实训内容

掌握定子绕组串接电阻减压起动控制电路的安装。

2. 实训器材

常用电工工具，绝缘电阻表、钳形电流表、万用表，松木板一块（600mm×500mm×20mm）、紧固体、编码套管、针形及U形轧头、走线槽、塑铜线、包塑金属软管及软管接头等，三相异步电动机、断路器、熔断器、时间继电器、热继电器、电阻器、交流接触器、按钮和端子板等。

3. 实训步骤及要求

1）根据电动机型号，配齐所用电气元器件，并进行质量检验。

2）在控制板上安装走线槽和所有电气元器件，并贴上醒目的文字符号。

3）确保配电盘内部布线的正确性。

4）可靠连接电动机和各电气元器件金属外壳的保护接地线。

5）连接电源、电动机、按钮等配电盘外部的导线。

6）检查无误后通电试机。

4. 注意事项

1）在进行本课题安装训练时，教师可根据实际情况，按手动控制、按钮与接触器控制、时间继电器自动控制的顺序由浅入深分步进行。

2）布线时，要注意接触器KM2在主电路中的接线相序；否则，会因相序接反造成电动机反转。

3）安装时间继电器时，必须使时间继电器在断电后，动铁心释放时的运动方向垂直向下。

4）时间继电器和热继电器的整定值，应在不通电时预先调整好，试机时再加以校正。

5）线路全部安装完毕后，用万用表电阻挡测量FU2下口两端是否导通，如导通则说明线路中有短路情况，应进行检查并排除。

6）通电试验时必须有指导教师在现场监护，出现异常情况立即切断电源。

3.2.6 Y—△减压起动电路

凡是在正常运行时定子绕组接成三角形的三相异步电动机，可以采用Y—△（即星形—三角形）减压起动的方法来达到限制起动电流的目的。

起动时，定子绕组首先接成星形，待转速上升到接近额定转速时，将定子绕组的接线由星形换接成三角形，电动机便进入了全电压正常运行状态。因功率在4kW以上的三相笼型异步电动机均为三角形联结，故都可以采用星形—三角形减压起动方法。电动机起动时接成Y联结，加在每相定子绕组上的起动电压为△联结的1/3，起动线路电流为△联结的1/3，起动转矩为△联结的1/3，故这种方法只适用于轻载或空载下起动。常用的Y—△起动有手动和自动两种形式。

（1）手动控制Y—△减压起动电路　双掷刀开关手动控制Y—△减压起动控制电路如图3-16所示。起动时先合上电源开关QF，然后把刀开关Q扳到“起动”位置，电动机定子绕组便接成“Y”减压起动；当电动机转速上升接近额定值时，再将刀开关Q扳到“运行”位置，电动机定子绕组改接成“△”全压正常运行。

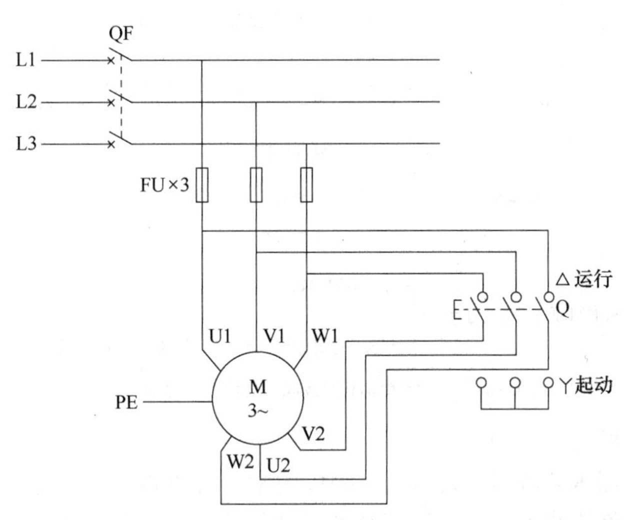

图3-16　双掷刀开关手动控制Y—△减压起动控制电路

（2）时间继电器自动控制Y—△减压起动电路　时间继电器自动控制Y—△减压起动控制电路如图3-17所示。该线路除了有电源开关QF、过载保护FR和短路保护FU外，主要控制是由三个接触器、一个时间继电器和两个按钮组成。

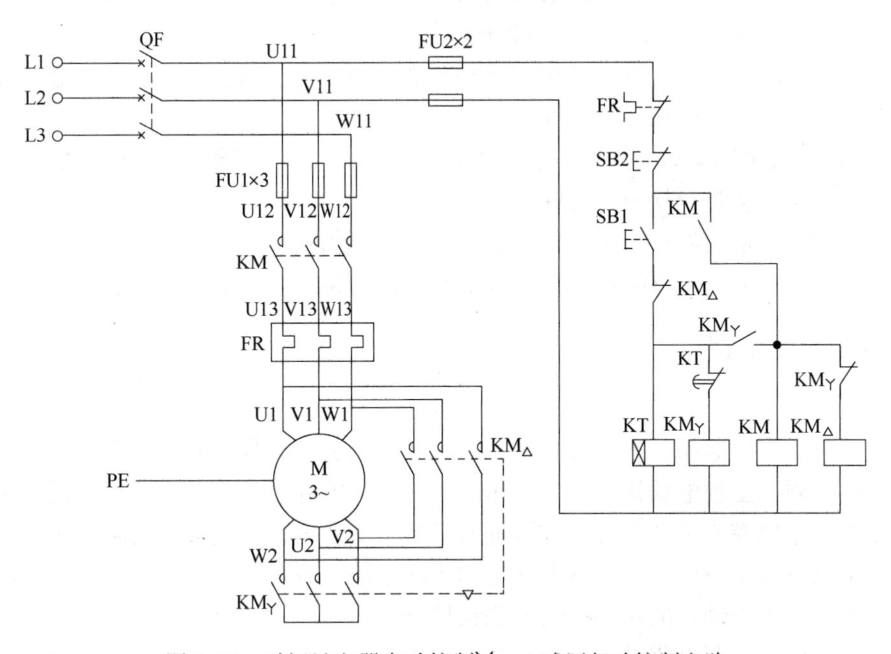

图3-17　时间继电器自动控制Y—△减压起动控制电路

时间继电器 KT 用作控制Y形减压起动的时间和完成Y—△减压起动线路自动切换，线路的工作流程如下：

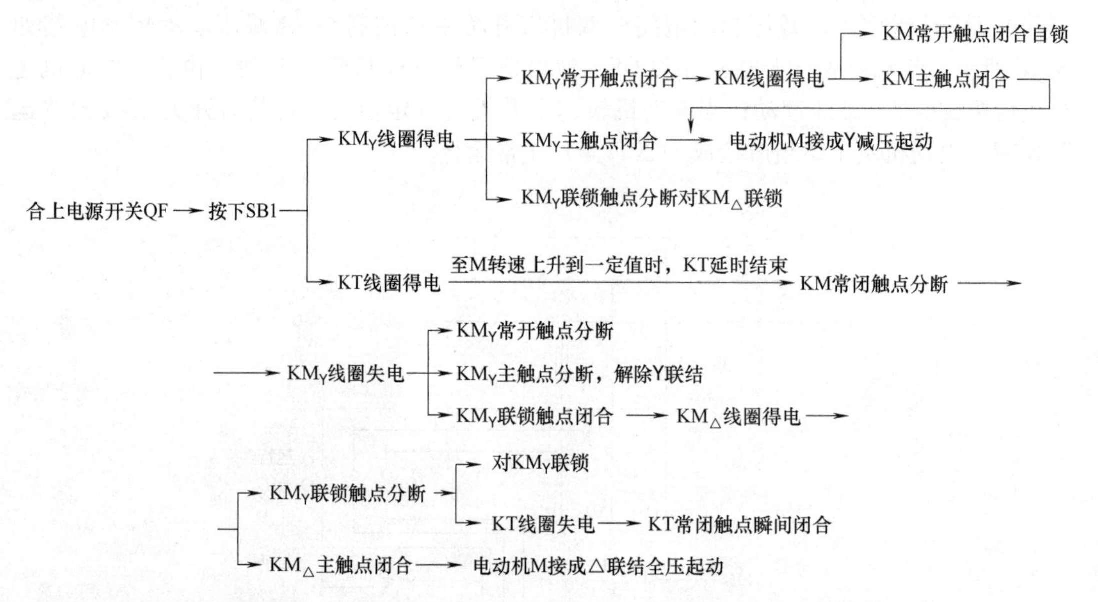

停止时按下 SB2 即可。

该线路中，接触器 KM_Y先得电，通过 KM_Y的常开辅助触点使接触器 KM_Y后得电动作，KM_Y的主触点是在无负荷的条件下进行闭合的，故可延长该接触器主触点的使用寿命。

（3）注意事项

1）Y—△减压起动只能用于正常运行时为三角形联结的电动机，接线时必须将接线盒内的短接片拆除。

2）接线时要保证电动机三角形联结的正确性，即接触器 KM_Y主触点闭合时，应保证定子绕组的 U1 与 W2、V1 与 U2、W1 与 V2 相连接。

3）接触器 KM_Y的进线必须从三相定子绕组的末端引入，若误将其从首端引入，则在 KM_Y吸合时，会产生三相电源短路事故。

4）线路全部安装完毕后，用万用表电阻挡测量 FU2 下口两端是否导通，如导通则说明线路中有短路情况，应进行检查并排除。

5）配电盘与电动机按钮之间连线，应穿入金属软管内。

6）通电前首先检查一下熔体规格及时间继电器、热继电器的整定值是否符合要求。

3.2.7 顺序控制电路

在实际生产中，对装有多台电动机的生产机械，由于每台电动机所起的作用不同，有时需要按一定的先后顺序起动，才能符合生产工艺规程的要求，保证安全生产。如铣床工作台的进给电动机必须在主轴电动机已起动工作的条件下才能起动工作；自动加工设备必须在前一工步已完成，转换控制条件具备，方可进入新的工步；还有一些设备要求液压泵电动机首先起动，正常供应液压油后，其他动力部件的驱动电动机方可起动工作。这种有先后顺序的电动机控制方式称为电动机的顺序控制或联锁控制。

顺序起动、停止控制电路是在一个设备起动之后另一个设备才能起动运行的一种控制方法，常用于主、辅设备之间的控制，如图3-18a所示。当辅助设备的接触器KM1起动之后，主设备的接触器KM2才能起动，主设备不停止，辅助设备也不能停止。但辅助设备在运行中因某种原因停止运行（如FR1动作），主设备也要随之停止运行。

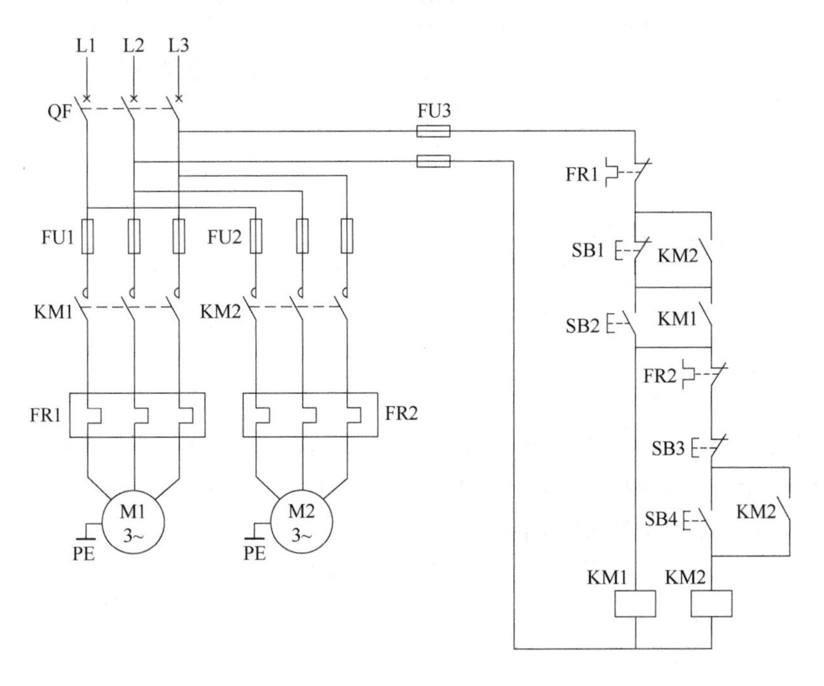

a) 主、辅设备之间的控制电路

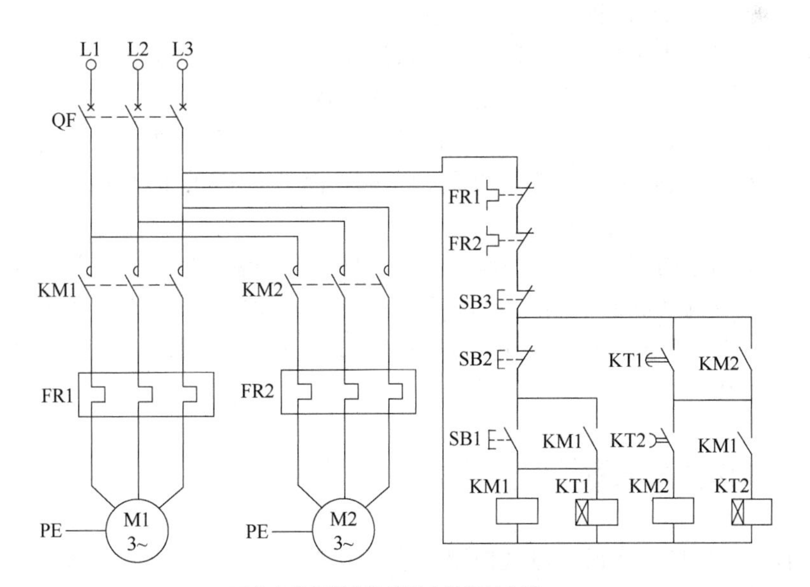

b) 两台电动机顺序起动停止的控制电路

图3-18　交流电动机顺序起动顺序停止控制电路

（1）工作过程

1）合上电源开关QF。

2）按辅助设备控制按钮 SB2，接触器 KM1 线圈得电吸合，KM1 主触点闭合，辅助设备运行，并且 KM1 辅助常开触点闭合实现自锁。

3）按主设备控制按钮 SB4，接触器 KM2 线圈得电吸合，KM2 主触点闭合，主设备开始运行，并且 KM2 的辅助常开触点闭合实现自锁。

4）KM2 的另一个辅助常开触点将 SB1 短接，使 SB1 失去控制作用，无法先停止辅助设备。

5）停止时只有先按下 SB3 按钮，使 KM2 线圈失电，辅助触点复位（触点断开），SB1 按钮才起作用。

6）主设备的过电流保护由热继电器 FR2 来完成。

7）辅助设备的过电流保护由热继电器 FR1 来完成，但 FR1 动作后控制电路全断电，主、辅设备全停止运行。

（2）常见故障

1）KM1 不能实现自锁。

① KM1 的辅助触点接错，接成常闭触点，KM1 吸合常闭断开，所以没有自锁。

② KM1 常开触点和 KM2 常开触点位置接错，KM1 吸合时 KM2 还未吸合，KM2 的辅助常开触点是断开的，所以 KM1 不能自锁。

2）不能顺序起动，KM2 可以先起动。KM2 先起动说明 KM2 的控制电路有电，检查 FR2 有电，这可能是 FR2 触点上口的 7 号线，错接到了 FR1 上口的 3 号线位置上了，这就使得 KM2 不受 KM1 控制而可以直接起动。

3）不能顺序停止，KM1 能先停止。KM1 能停止这说明 SB1 起作用，并联的 KM2 常开触点没起作用。分析原因有两种。

① 并联在 SB1 两端的 KM2 辅助常开触点未接。

② 并联在 SB1 两端的 KM2 辅助接点接成了常闭触点。

4）SB1 不能停止。检查线路发现 KM1 接触器用了两个辅助常开触点，KM2 只用了一个辅助常开触点，SB1 两端并接的不是 KM2 的常开触点而是 KM1 的常开触点，由于 KM1 自锁后常开触点闭合所以 SB1 不起作用。

图 3-18b 所示为简单的两台电动机顺序起动、停止的控制电路。其工作流程为，合上电源开关 QF→按 SB1→电动机 M1 工作→KT1 得电延时 t_1 时间后闭合→KT2 得电闭合→电动机 M2 工作，按 SB2→M1 停机→KT1 失电断开→KT2 失电延时 t_2 时间后断开→电动机 M2 停止，按 SB3 可以随时停止。

3.3 电气控制电路故障检查方法

正确分析和妥善处理机床设备电气控制电路中出现的故障，首先要检查产生故障的部位和原因。本节将重点介绍故障查询法、通电检查法、断电检查法、电压检查法、电阻检查法、短接检查法 6 种基本故障检查方法。

3.3.1 故障查询法

生产机床和机械设备虽然进行了日常维护保养，降低了电气故障的发生率，但是在运行中还是难免发生各种大小故障，严重的还会引起事故。这些故障主要分为两大类。一类是有明显的外部特征，例如电动机、变压器、电磁铁线圈过热冒烟。在排除这类故障时，除了更换损坏了的电动机、电器之外，还必须找出和排除造成上述故障的原因。另一类故障是没有外部特征的，例如在控制电路中，由于电气元器件调整不当、动作失灵、小零件损坏、导线断裂和开关击穿等。在机床电路中经常碰到这类故障，由于没有外部特征，通常需要用较多的时间去寻找故障部位，有时还需要运用各类测量仪表才能找出故障点，方能进行调整和修复，以便使电气设备恢复正常运行。因此，掌握正确的检修方法就显得尤其重要了。

检修前要进行故障调查。当机床或机械设备发生电气故障后，切忌再通电试机和盲目动手检修。在检修前，通过观察和了解故障前后的操作情况和故障发生后出现的异常现象，以便根据故障现象判断出故障发生的部位，进而准确地排除故障。

3.3.2　通电检查法

通电检查法是指机床和机械设备发生电气故障后，根据故障性质，在条件允许的情况下，通电检查故障发生的部位和原因。

1. 通电检查要求

在通电检查时，必须注意人身和设备的安全。要遵守安全操作规程，不得随意触动带电部分，要尽可能切断主电路电源，只在控制电路带电的情况下进行检查。如果需要电动机运转，则应使电动机与机械传动部分脱开，使电动机在空载下运行，这样既减小了试验电流，也可避免机械设备的运动部分发生误动作和碰撞，以免故障进一步扩大。在检修时应预先充分估计到局部线路动作后可能发生的不良后果。

2. 测量方法及注意事项

在通电检查时，用测量法确定故障是准确确定故障点的一种行之有效的检查方法。常用的测量工具和仪表有验电器、校验灯、万用表、钳形电流表等，主要通过对电路进行带电或断电时有关参数（如电压、电阻、电流等）的测量，来判断电气元器件的好坏、设备的绝缘情况以及线路的通断情况。随着科学技术的发展，测量手段也在不断进步。例如，在晶闸管—电动机自动调速系统中，利用示波器来观察晶闸管整流装置的输出波形、触发电路的脉冲波形，就能很快判断出系统的故障位置。在用测量法检查故障点时，一定要保证各种测量工具和仪表完好，使用方法正确，尤其要注意防止电磁感应及其他并联电路的影响，以免产生误判断。

3. 通电法

在检查故障时，若经外观检查未发现故障点，可根据故障现象，结合电路分析可能出现的故障部位，在不扩大故障范围、不损伤电器和机床设备的前提下，进行直接通电试验，以分清故障可能是在电气部分还是在机械部分，是在电动机上还是在控制设备上，是在主电路上还是在控制电路上。一般情况下先检查控制电路，具体做法是：操作某一只按钮或控制开关时，发现动作不正确，即说明该电气元器件或相关电路有问题；再在此电路中进行逐项分析和检查，一般便可发现故障点。待控制电路的故障排除后，再接通主电路，检查控制电路对主电路的控制效果，观察主电路的工作情况是否正常等。

4. 故障判断具体方法

（1）校验灯法　用校验灯检查故障的方法有两种：一种是 380V 的控制电路，另一种是经过变压器降压的控制电路。对于不同的控制电路所使用的校验灯应有所区别，具体判别方法如图3-19所示。

首先将校验灯的一端接在低电位处，再用另外一端分别碰触需要判断的各点。如果灯亮，则说明电路正常；如果灯不亮，则说明电路有故障。对于380V的控制电路应选用220V的灯泡，低电位端应接在零线上。

（2）验电器法　用验电器检查电路故障的优点是安全、灵活、方便；缺点是受电压限制，并与具体电路结构有关。因此，测试结果不是很准确。另外，有时电气元器件触点烧断，但是因有爬弧，用验电器测试，仍然发光，而且亮度还较强，这样也会造成判断错误。用验电器检查电路故障的方法如图3-20所示。如果按下SB1或SB3后，接触器KM不吸合，遇到这种情况可以用验电器从A点开始依次检测B、C、D、E点，观察验电器是否发光，且亮度是否相同。如果在检查过程中发现某点发光变暗，则说明被测点以前的元件或导线有问题。停电后仔细检查，直到查出问题，消除故障为止。但是，在检查过程中有时还会发现各点都亮，而且亮度都一样，接触器也没问题，就是不吸合，原因可能是起动按钮SB1本身触点有问题，致使电路不能导通；也可能是SB2或FR常闭触点断路，电弧将两个静触点导通或因绝缘部分被击穿使两触点导通，遇到这类情况就必须用电压表进行检查。

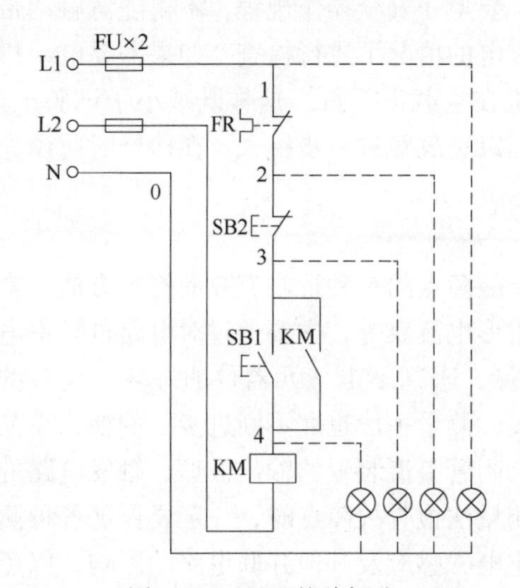

图3-19　380V校验灯法

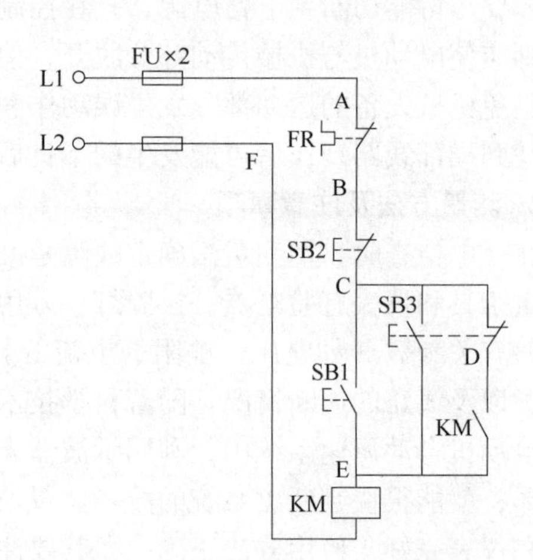

图3-20　380V电路验电器判断法

3.3.3　断电检查法

断电检查法是将被检修的电气设备完全（或部分）与外部电源切断后进行检修的方法。采取断电检查法检修设备故障是一种比较安全的常用检修方法。这种方法主要针对有明显的外表特征，容易被发现的电气故障，或者为避免故障未排除前通电试机，造成短路、漏电，再一次损坏电气元器件，扩大故障、损坏机床设备等后果所采用的一种检修方法。

使用好这种检修方法除了要了解机床的用途和工艺要求、加工范围和操作程序、电气线路的工作原理外，还要靠敏锐观察、准确分析、精准测量、正确判断和熟练操作。在机床电气设备发生故障后，进行检修时应注意以下问题（以图3-21为例进行分析）。

1. 机床设备发生短路故障

故障发生后，除了询问操作者短路故障的部位和现象外还要维修人员自己去仔细观察。如果未发现故障部位，就需要用绝缘电阻表分步检查（不能用万用表，因万用表中干电池电压只有几伏），在检查主电路接触器KM上口部分的导线和开关是否短路时，应将图3-21中A或B点断开。在检查主电路接触器KM下口部分的导线和开关是否短路时，也应在端子板处将电动机三根电源线拆下，否则也会因为电动机三相绕组的导通影响判断的准确性。

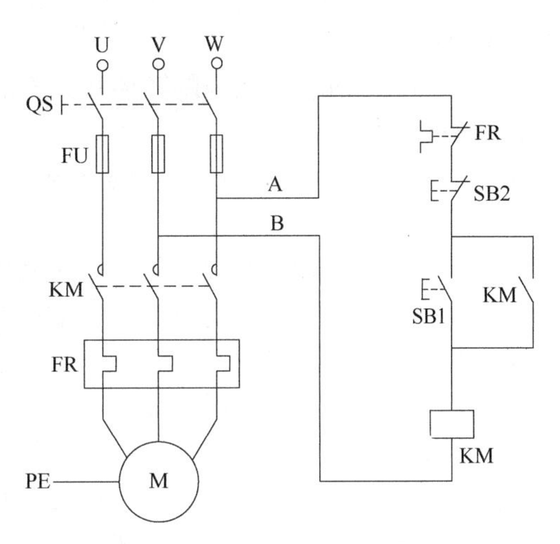

图3-21　单相起动自锁控制电路

2. 按下起动按钮SB1后电动机不转

检查电动机不转的原因应从两方面进行检查：一方面是当按下起动按钮SB1后接触器KM是否吸合，如果不吸合应当首先检查电源和控制电路部分；如果按下起动按钮SB1后接触器KM吸合而电动机不转，则应检查电源和主电路部分。有些机床设备出现故障是因机械原因造成的，但是从反映出的现象来看却好像是电气故障，这就需要电气维修人员遇到具体情况一定要头脑清醒地对待检修工作中的问题。

断电检查法除了以上介绍的应注意的问题外，在具体操作过程中还应根据故障的性质，采用合理的处理方法。如果电路中装有变压器，有时会发现变压器在使用过程中冒烟。在处理这类故障时，应首先判别出造成故障的原因，是由于电气线路造成的，还是由于变压器本身造成的。对于这类故障就不能采用通电检查法，只能采用断电检查法。

3.3.4　电压检查法

电压检查法是利用电压表或万用表的交流电压挡对线路进行带电测量，是查找故障点的有效方法。电压检查法有电压分阶测量法（见图3-22）和电压分段测量法（见图3-23）。

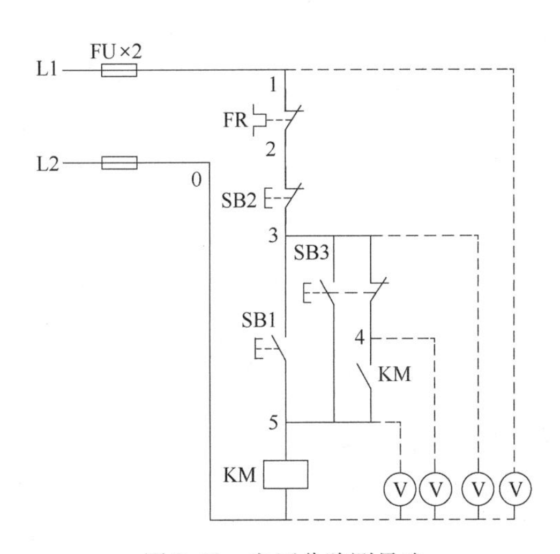

图3-22　电压分阶测量法

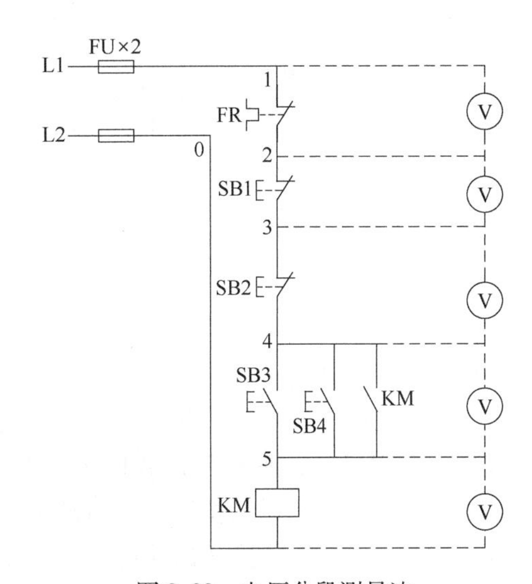

图3-23　电压分段测量法

1. 电压分阶测量法

检查时，首先把万用表的转换开关置于交流电压500V 的挡位上，然后按图3-22 所示的方法进行测量。

断开主电路，接通控制电路的电源。若按下起动按钮 SB1 或 SB3 时，接触器 KM 不吸合，则说明控制电路有故障。

检测时，需要两人配合进行：一人先用万用表测量 0 和 1 两点之间的电压，若电压为 380V，则说明控制电路的电源电压正常；然后由另一人按下 SB1 不放，一人用黑表笔接到 0 点上，用红表笔依次接到 1、3、4、5 各点上，分别测量出 0 ~1、0 ~3、0 ~4、0 ~5 两点间的电压，根据测量结果即可找出故障点。

2. 电压分段测量法

测量检查时，把万用表的转换开关置于交流电压500V 的挡位上，按图3-23 所示的方法进行测量。首先用万用表测量 0 和 1 两点之间的电压，若电压为 380V，则说明控制电路的电源电压正常。然后，一人按下起动按钮 SB3 或 SB4，若接触器 KM 不吸合，则说明控制电路有故障。这时另一人可用万用表的红、黑两根表笔逐段测量相邻两点 1 ~2、2 ~3、3 ~4、4 ~5、5 ~0 之间的电压，根据其测量结果即可找出故障点。

3.3.5 电阻检查法

电阻检查法是利用万用表的电阻挡，对线路进行断电测量。这是一种安全、有效的方法。电阻检查法有电阻分阶测量法（见图3-24）和电阻分段测量法（见图3-25）。

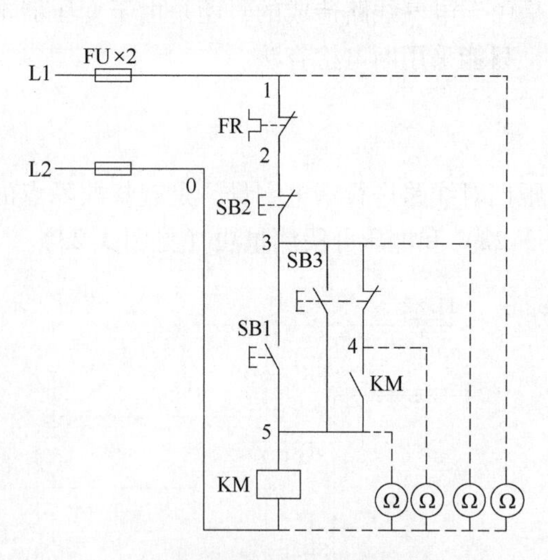

图3-24　电阻分阶测量法

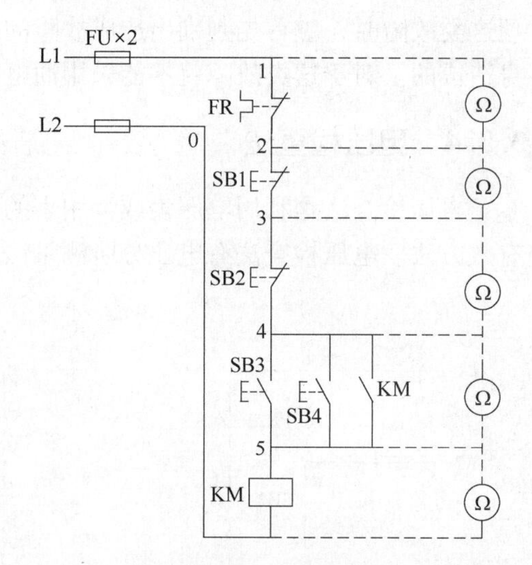

图3-25　电阻分段测量法

1. 电阻分阶测量法

测量检查时，首先把万用表的转换开关置于倍率适当的电阻挡，然后按图 3-24 所示方法测量，在测量前先断开主电路电源，接通控制电路电源。若按下起动按钮 SB1 或 SB3，接触器 KM 不吸合，则说明控制电路有故障。检测时应切断控制电路电源（这一点与电压分阶测量法不同），一人按下 SB1 不放，另一人用万用表依次测量0 ~1、0 ~3、0 ~4、0 ~5 各两点间电阻值，根据测量结果可找出故障点。

2. 电阻分段测量法

按图 3-25 所示方法测量时，首先切断电源，一人按下 SB3 或 SB4 不放，另一人把万用表的转换开关置于倍率适当的电阻挡，用万用表的红、黑两根表笔逐段测量相邻两点 1 ~ 2、2 ~ 3、3 ~ 4、4 ~ 5、5 ~ 0 之间的电阻，如果测得某两点间电阻值很大（∞），则说明该两点间接触不良或导线断路。电阻分段测量法的优点是安全，缺点是测量电阻值不准确。若测量电阻值不准确，容易造成判断错误。为此应注意以下几点：

1）用电阻分段测量法检查故障时，一定要先切断电源。

2）所测量电路若与其他电路并联，必须断开并联电路，否则所测电阻值不准确。

3）测量高电阻电器元件时，要将万用表的电阻挡转换到适当挡位。

3.3.6 短接检查法

机床电气设备的常见故障为断路故障，如导线断路、虚连、虚焊、触点接触不良、熔断器熔断等。对这类故障，除用电压法和电阻法检查外，还有一种更为简便可靠的方法，就是短接法。检查时，用一根绝缘良好的导线，将所怀疑的断路部位短接，若短接到某处时电路接通，则说明该处断路，如图 3-26 所示。

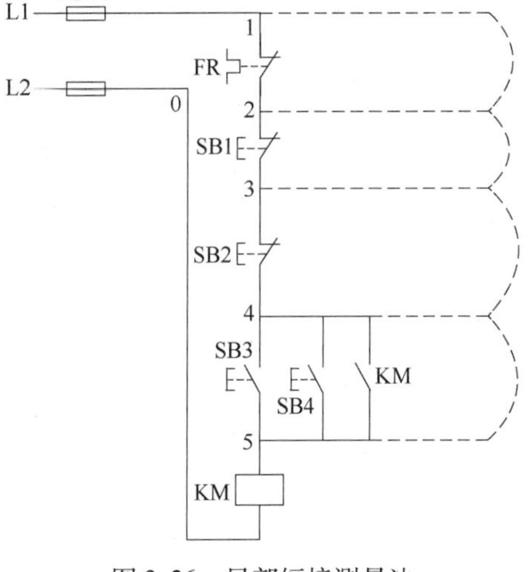

图 3-26　局部短接测量法

用短接法检查故障时必须注意以下几点：

1）用短接法检查时，是用手拿着绝缘导线带电操作的，所以，一定要注意安全，避免触电事故。

2）短接检查法只适用于压降极小的导线及触点之类的断路故障，对于压降较大的电器，如电阻器、线圈、绕组等断路故障不能采用短接法，否则会出现短路故障。

3）对于工业机械的某些要害部位，必须保证电气设备或机械设备不会出现事故的情况下，才能使用短接法。短接法检查前，先用万用表测量图 3-26 所示 1 ~ 0 两点间的电压。若电压正常，可一人按下起动按钮 SB3 或 SB4 不放，然后另一人用一根绝缘良好的导线，分别短接标号相邻的两点 1 ~ 2、2 ~ 3、3 ~ 4、4 ~ 5（注意千万不要短接 5 ~ 0 两点，否则造成短路）。当短接到某两点时，接触器 KM 吸合，则说明断路故障就在该两点之间。

复习思考题

1. 根据不同的环境如何选择电动机？
2. 什么是额定功率、额定电压、额定电流和额定转速？
3. 如何用万用表判别三相异步电动机首、尾端？
4. 三相异步电动机绕组的接法有几种？
5. 三相异步电动机是怎样转动起来的？

6. 检查电气控电路故障的方法有哪几种?

7. 什么叫作自锁控制与互锁控制，它们在电路里各起到什么作用，不能自锁的原因有哪些?

8. 设计一台三相交流异步电动机的控制电路，要求起动时为Y联结，运行时为△联结。

9. 试画出三台交流电动机按顺序起动的电气控制电路图。

10. 说明Y—△起动方法的优缺点及适用场合。

11. 实训中曾发生何种故障，是如何处理的?

第4章　室内照明电路工程实践

目的与要求

1. 了解三相五线制供电系统。
2. 了解室内照明电路的相关知识。
3. 掌握灯具、开关及插座安装的工艺要求。
4. 完成 N 地控制一盏灯照明电路安装实践。
5. 能按要求完成简单的照明电路设计和 LED 灯制作。

4.1　三相五线制供电系统

4.1.1　三相五线制

根据《民用建筑电气设计规范》（JGJ 16—2008），凡是新建、扩建、企事业、商业、居民住宅、智能建筑、基建施工现场及临时线路，一律实行三相五线制供电方式，做到保护零线和工作零线单独敷设。现有企业应逐步将三相四线制改为三相五线制供电，具体办法应按三相五线制敷设要求的规定加以实施。

三相五线包括三相电的三个相线（A、B、C 线）、中性线（N，也称为工作零线）以及地线（PE，也称为保护零线）。在电气装置的接地系统中三相五线制称为 TN-S 系统，地线只在供电变压器侧和中性线接到一起并且做重复接地，之后在全系统内 N 线和 PE 线是分开的。保护地线还必须在配电系统中间和末端做重复接地，重复接地电阻小于 10Ω。三相五线制接线方式如图 4-1 所示。

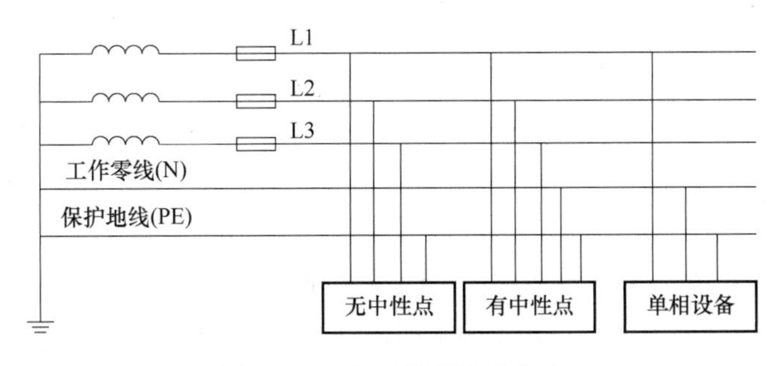

图 4-1　三相五线制接线方式

三相五线制标准导线颜色为：A 相黄色，B 相绿色，C 相红色，N 线浅蓝色，PE 线黄绿双色。

4.1.2　三相五线制的特点

采用三相五线制供电方式，用电设备上所连接的工作零线 N 和保护零线 PE 是分别敷设的，有下面几个特点：

1）系统正常运行时，专用保护零线上没有电流，只是工作零线上有不平衡电流。保护零线 PE 对地没有电压，所以电气设备金属外壳接零保护是接在专用保护零线 PE 上，安全可靠。

2）工作零线只用作单相照明负荷回路。

3）专用保护零线 PE 不许断线，也不许接入剩余电流断路器。

4）干线上使用剩余电流断路器时，工作零线不得有重复接地，而保护零线 PE 有重复接地，但是不经过剩余电流断路器。

5）三相五线制（TN-S 方式）供电系统安全可靠，适用于工业与民用建筑等低压供电系统。

4.1.3　单相三线制

国家规定，民用供电线路相线之间的电压（即线电压）为 380V，相线和地线或中性线之间的电压（即相电压）均为 220V。进户线一般采用单相三线制，即三个相线中的一个和中性线（作零线）、地线。

对于照明电路，从线路的性质上来说，相线是提供能源的线路；中性线（零线）是单相电路中，给提供能源的线路一条电流回路（和相线形成电流通道）的线路；地线是作为保护电气设备、防止漏电的一条“非正常”电流通道。这三条线，正常工作时，由相线（某一个单位时间内）提供电流，经过用电设备（负荷）后由零线回到电源端；正常情况下，地线是没有任何电流通过的。所以从性质上来看，这三条线路中的零线和地线是不允许合用的。

4.2　线管配线

将绝缘导线穿在管内的配线方式称为线管配线。这种配线方式比较安全可靠，可避免腐蚀性气体的侵蚀和遭受机械损伤，更换导线也较为方便，因此在工业与民用建筑中使用最为广泛。

线管配线分为线管敷设和线管穿线两部分。线管敷设应在土建施工时进行，管内穿线应在建筑物的抹灰及地面工程结束后进行。

4.2.1　线管配线工序

为了使室内配线工作有条不紊地进行，应按下列工序进行配线。

1）首先应熟悉设计施工图样，根据施工图样确定灯具、插座、开关、配电箱等的位置。

2）根据建筑物的结构确定导线敷设的路径以及穿过墙壁和楼板的位置。

3）要配合土建施工，搞好管路、接线盒及工件的预埋工作。

4）装设绝缘支持物、线夹、支架或保护管。

5）敷设导线。敷设导线前，将盘绕的导线顺着缠绕方向放线，以免弯折或打结。

6）将导线连接、分支和封端，并将导线出线端子与器件或设备连接。

7）校验、试通电并验收。

4.2.2　线管穿线方法

1）在穿线前应将管内的积水及杂物清理干净。对于弯头较多或管路较长的钢管，为减少导线与管壁摩擦，可向管内吹入滑石粉，以便穿线。这样有利于管内清洁、干燥，并便于维修和更换导线。

2）为避免钢管的锋利管口磨损导线绝缘层及防止杂物进入管内，故导线穿入钢管前，管口处应装设护圈保护导线；在不进入接线盒（箱）的垂直管口，穿入导线后应将管口密封。导线穿入硬塑料管前，应先清理管口毛刺，防止穿线时损坏导线绝缘层。

3）导线穿入线管前，如导线数量较多或截面积较大，为了防止导线端头在管内被卡住，要把导线端部剥出线芯，并斜错排好，采用 ϕ1.2 ~ ϕ2.0mm 的钢丝做引线，然后按图 4-2a 所示方法与电线缠绕，将缠绕钢丝的一端逐渐送入管中，直到在管的另一端露出为止，从此处将导线拉出。

4）当从一端穿钢丝受阻而滞留在管路途中时，可转动钢丝，使钢丝头部在管内转动，让其前进或者在另一端再穿入一根头部弯成钩状的引线钢丝并转动，使其与原有头部带钩状的钢丝绞在一起，以便拉出从另一头穿入的拉线钢丝，如图 4-2b 所示。

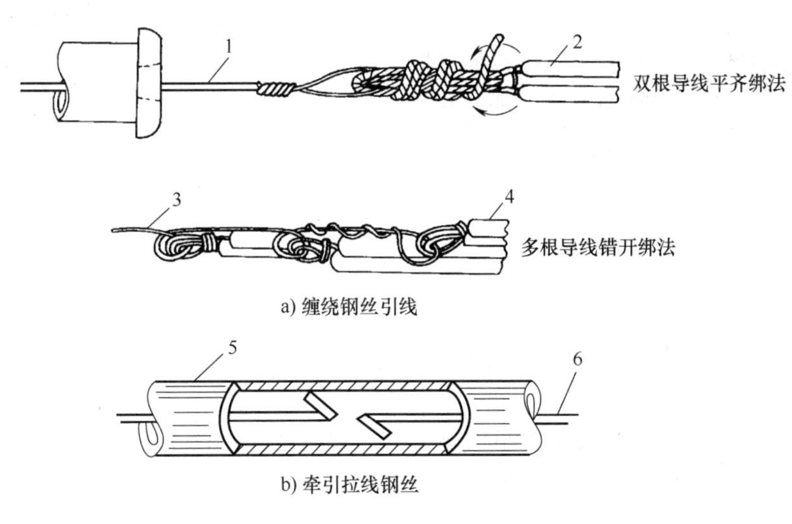

图 4-2　线管穿线方法

1、3、6—钢丝　2、4—导线　5—钢管或塑料管

4.2.3　线管配线工艺要求

线管配线时应注意以下几点：

1. 正确选择导线的型号、规格和颜色

1）根据设计要求选择导线的截面积，铜导线的安全载流量是 5 ~ 8A/mm^2，铝导线的安

全载流量为 3 ~ 5A/mm^2。穿管敷设的绝缘导线最小截面积，铜线和铜芯软线不得低于 1.0mm^2，铝线不低于 2.5mm^2。

2）为提高管内配线的可靠性，防止因穿线而磨损绝缘，故低压线路穿管均应使用额定电压不低于 500V 的绝缘导线。

3）配管内所穿电线作用各不相同，应尽量使用各种颜色的塑料绝缘线，以便于识别，方便与元器件接线。一般相线为黄、绿或红色，零线为蓝色，地线为黄绿双色，其他线（控制相线）为白色或其他颜色。

2. 导线在管内不应有接头，接头必须设在接线盒内

导线接头若设置在管内，会造成穿线难度大，且线路发生故障时不利于检查和修理。因此导线在管内不应有接头和扭结，接头应设在接线盒（箱）内。放线时为使导线不扭结、不出背扣，最好使用放线架。无放线架时，应把线盘平放在地上，从内圈抽出线头，并把导线放得长一些。

3. 导线过长时使用拉线盒加以固定

为保证安全，便于检修，敷设于垂直线路中的导线，当导线的截面积、长度和管路弯曲超过规定时，应采用拉线盒加以固定，如图 4-3 所示。

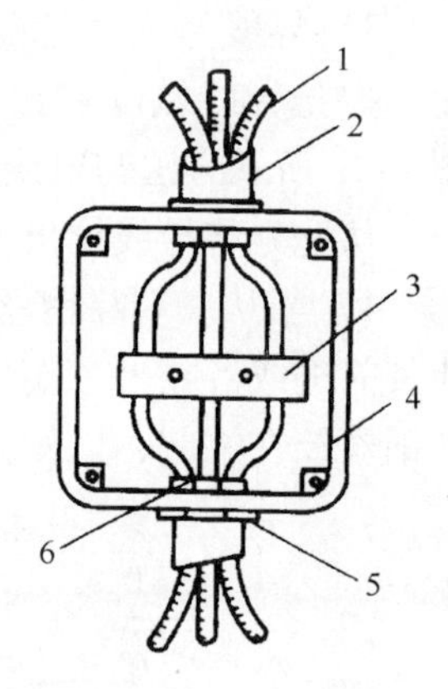

图 4-3　拉线盒
1—导线　2—导线保护管
3—线夹　4—拉线盒
5—锁紧螺母　6—护口

4. 导线穿好后应适当留出余量

导线穿好后，应适当留出余量，一般在出盒口留线长度不应小于0.15m，箱内留线长度为箱的半周长；出户线处导线预留长度为 1.5m，以便于日后接线。在分支处可不剪断公用直通导线，在接线盒内留出一定余量，可省去接线中的不必要接头。

5. 管内穿线困难时应查找原因，不得强行穿线

由于在穿线时长度不足而使管内导线出现接头，此种现象在检查时不易被发现，操作者应及时换线重穿，否则将引起后患。管内穿线困难时应查找原因，不得用力强行穿线，否则会损伤导线绝缘层或线芯。

4.3　电能表及配电柜（箱）配线

低压配电柜、配电箱是连接电源与用电设备的中间装置，它除了分配电能外，还具有对用电设备进行控制、测量、指示及保护等功能。

4.3.1　配电柜（箱）安装要求

1. 配电柜（箱）安装的一般要求

配电柜（箱）应安装在干燥、明亮、不易受振动、便于操作和维护的场所。安装时一般应满足以下要求：

1）配电箱的安装高度，暗装时底口距地面为 1.4m，明装时为 1.2m，但明装电能表箱应加高到 1.8m；安装时应使配电板垂直于地面。

2）安装配电柜（箱）所需木砖、金属器具等均需随土建施工预先埋入墙内。

3）在 240mm 厚的墙壁内暗装配电柜（箱）时，在墙后壁需加装 10mm 厚的石棉板和孔洞直径为 2mm 的铁丝网，再用 1∶2 水泥砂浆抹平，以防开裂。墙壁预留的孔尺寸，应比配电柜（箱）的外形尺寸大 20mm 左右。

4）配电柜（箱）后面的配线应排列整齐，绑扎成束，并用卡钉紧固在盘板上。从配电柜（箱）中引出和引入的导线，应留出适当长度，以利于检修。

5）配电柜（箱）中的金属构件、铁盘面应施行可靠的保护接地（或保护接零）。

2. 照明配电板（箱）的安装

照明配电柜（箱）的安装主要有墙上安装、嵌墙式安装、支架上安装、柱上安装和落地式安装等方式。下面简单介绍墙上安装和嵌墙式安装。

（1）墙上安装

1）预埋固定螺栓。在现有墙上安装配电柜（箱）以前，应量好配电柜（箱）安装孔的尺寸，然后凿孔洞，预埋固定螺栓（有时采用塑料胀管固定）。预埋螺栓的长度应为埋没深度（一般为 120～150mm）加箱壁、螺母和垫圈的厚度，再加 3～5mm 的余留长度。

2）配电柜（箱）的固定。待预埋件的填充材料凝固干透，就可进行配电柜（箱）的安装固定了。固定前，先用水平尺和线锤校正箱体的水平度和垂直度。若不符合要求，则应查明原因，调整后再将配电柜（箱）可靠固定。

（2）嵌墙式安装　配电柜（箱）的嵌墙式安装应配合配线工程的暗敷进行。待预埋线管施工完毕，将配电柜（箱）的柜（箱）体嵌入墙内（有时将线管与柜（箱）体组合后，在土建施工时埋入墙内），并做好线管与柜（箱）体的连接固定和跨接地线的连接工作。如果墙壁的厚度不能满足配电柜（箱）嵌入式安装的要求，则可采用半嵌入式安装，其安装方法与嵌入式相同。

4.3.2　量电及配电装置的配线工艺

1. 电能表的测量接线

电能表的接线方式分为直接式和间接式两种。当线路为低压供电，负荷电流为 50A 及以下时，宜采用直接接入式；负荷电流为 50A 以上时，宜采用间接接入式。电能表的测量接线方式应按出厂说明书的测量接线图进行连接。单相有功电能表的测量接线方式如图 4-4 所示。

2. 楼层计量配电箱

在多层或高层住宅中，一般在每单元第一层设置终端组合配电箱，负荷大的，每单元每层设置一个或若干个楼层计量配电箱；负荷小的，可每单元几层设置一个楼层计量配电箱。终端组合配电箱上装有单元进线总开关；计量配电箱上装有用户电能表及出线分开关。楼层计量配电箱接线如图 4-5 所示。

3. 住户配电箱（开关箱）的接线

在高层住宅中，住户配电箱常采用塑料壳式小型低压断路器（如 C45N 型）组装的组合配电箱，以放射—树干混合方式供电。其优点是某一回路故障不致影响其他回路供电，可使事故范围尽量缩小。为了简化线路，对于一般照明及小功率插座采用树干式接线，即住户配电箱中每一分路开关可带几盏灯或几个小功率插座；而对于电热水器、窗式空调器等用电量大的家电设备，则采用放射式供电。住户配电箱及灯具、插座的住宅供电电气原理如图 4-6 所示。

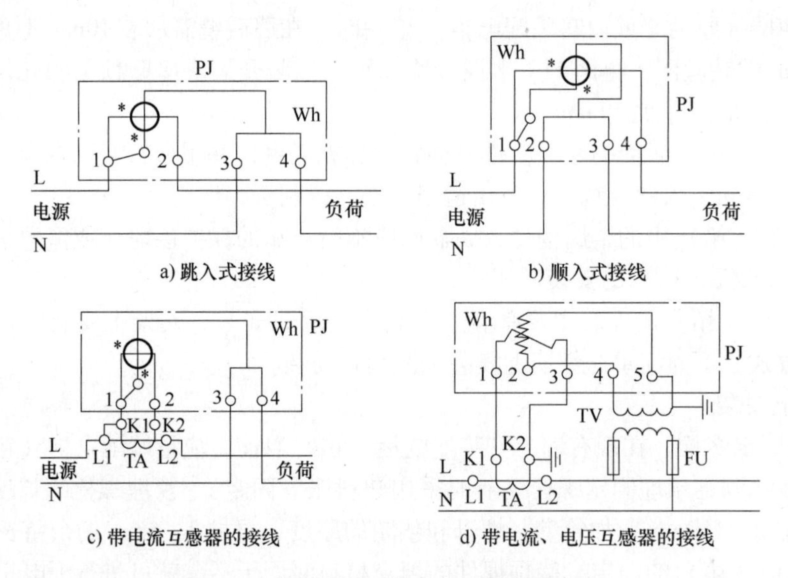

图 4-4 单相有功电能表的测量接线方式

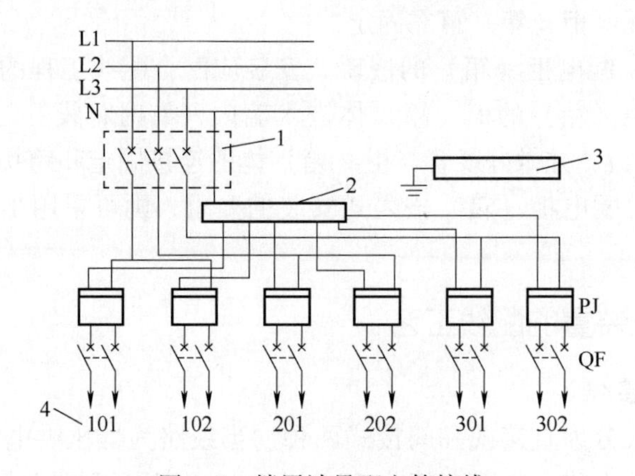

图 4-5 楼层计量配电箱接线

1—单元进线总开关 2—零排母线 3—PE 母线 4—用户房间号

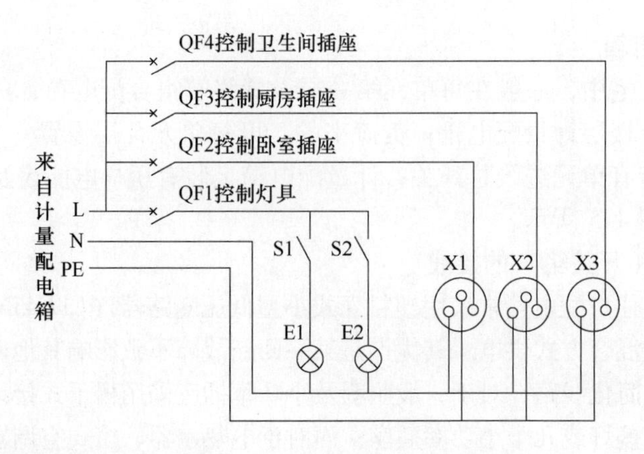

图 4-6 住宅供电电气原理

4.4　电气照明的基本知识

在电气安装和维修中，照明电路的安装与维修占有十分重要的地位。要从事照明电路的装修，必须懂得有关电气照明的基本知识。

1. 常用电光源及其特点

（1）白炽灯　白炽灯是曾经使用最为广泛的光源。它具有结构简单、使用可靠、安装维修方便、价格低廉、光色柔和、可适用于各种场所等优点，但发光效率低，寿命短，其寿命通常只有 1000h 左右。

（2）荧光灯　荧光灯也是使用得特别广泛的照明光源。其寿命是白炽灯的 3～4 倍，发光效率是白炽灯的 5 倍，但附件多、造价较高、功率因数低（仅 0.5 左右），而且故障率比白炽灯高，安装维修比白炽灯难度大。由于它的优点特别突出，所以目前使用仍然很广泛。

（3）LED 灯　LED 灯是代替白炽灯和荧光灯的新型绿色光源。其光度柔和，节能效果好，使用寿命长，仅有的缺点是造价和维护成本高。

（4）高压汞灯　高压汞灯又叫作高压水银灯，使用寿命是白炽灯的 2.5～5 倍，发光效率是白炽灯的 3 倍，耐振耐热性能好，线路简单，安装维修方便。其缺点是造价高，启辉时间长，对电压波动适应能力差。

（5）碘钨灯　碘钨灯构造简单，使用可靠，光色好，体积小，发光效率比白炽灯高 30% 左右，功率大，安装维修方便。但灯管温度高达 500～700℃，安装必须水平，倾角不得大于 4°，造价也较高。

（6）霓虹灯　霓虹灯管内充有非金属元素或金属元素，在电离状态下，不同元素能发出不同的色光，广泛使用于大、中、小城镇的夜间宣传广告。霓虹灯配用专门的电源变压器供电，供电电压为 4000～15000V。

（7）低压安全灯　在一些特殊场合特别是危险场所，不能直接用 220V 交流电源提供照明，必须用降压变压器将 220V 交流电源降到 36V 及以下的安全电压作为照明灯具电源。这种低压照明灯可以确保使用人员在危险场所的人身安全。光源要选用 36V 或以下的白炽灯泡。

2. 常用照明方式

电气照明按其用途不同分为生活照明、工作照明和事故照明三种方式。

（1）生活照明　指人们日常生活所需要的照明。其属于一般照明，它对照度要求不高，可选用光通量较小的光源，但应能比较均匀地照亮周围环境。

（2）工作照明　指人们从事生产劳动、工作学习、科学研究和实验所需要的照明。它要求有足够的照度。在局部照明、光源与被照物距离较近等情况下，可用光通量不太大的光源；在公共场合，则要求有较大光通量的光源。

（3）事故照明　在可能因停电造成事故或较大损失的场所，必须设置事故照明装置，如医院急救室、手术室、矿井、地下室、公众密集场所等。事故照明的作用是，一旦正常的生活照明或工作照明出现故障，它能自动接通电源，代替原有照明。可见，事故照明是一种保护性照明，对可靠性要求很高，绝不允许在运行时出现故障。

4.5　照明电路的安装及故障检修

照明电路通常指照明灯具和采用单相电源的电气设备（如单相电动机、电热设备等）及其开关、电气控制回路的总称。照明电路及单相电气设备的安装主要包括元件的检查、测试，线路的敷设，控制箱、灯具及开关元件的安装、接线、试灯直至竣工验收等工序。照明电路及单相电气设备的安装应符合电气装置施工及验收规范的要求。

4.5.1　灯具、单相设备及其开关元件的安装要求

照明电路器件的安装，是室内配线工程的最后步骤。灯具接线及安装方法可参照电工手册，主要注意以下几点：

1）多股铜软线和电器端子的连接应先将其绝缘层去掉，然后把铜芯拧成小辫并镀锡处理后，才能和端子连接。独股导线可与端子直接连接。

2）任何情况下管内导线不得有接头，导线的接头应在接线盒、分线盒、灯头盒、开关盒或端子盒中，同时应尽量减少导线的接头。

3）必须按照预先确定的导线颜色、编号或记号进行接线，零线就是零线，相线就是相线，不得混用，否则系统将发生混乱而引起事故。

4）任何场所均不得采用木楔固定灯具及单相电器，如没有预埋金属固定件，通常采用膨胀螺栓、埋注螺栓、射钉枪射钉来补救，特别是对重量较大、固定后弯矩较大或经常拔插的电具。塑料胀管和膨胀螺栓如图4-7所示。

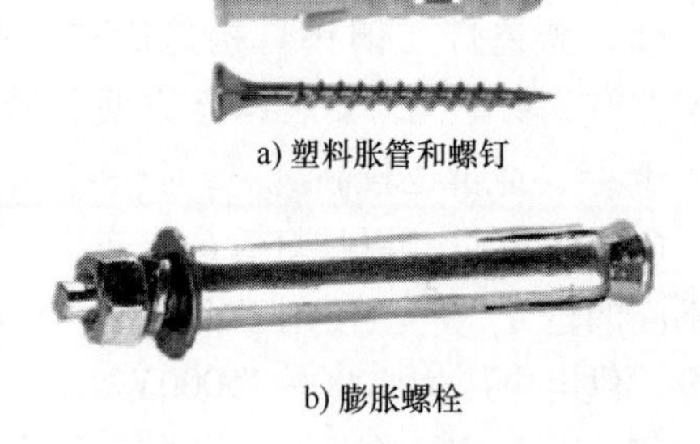

a) 塑料胀管和螺钉

b) 膨胀螺栓

图4-7　塑料胀管和膨胀螺栓

5）在实际工程中，盒内接线与电具的安装是分步进行的。先将盒内所有的线接好并将接于灯具、开关、插座的线甩出来，做好记号；完成全部接线并摇测绝缘正常后，再进行灯具开关的安装，有时也称为“吊灯”。灯具、开关、插座安装好后应及时锁门，以免丢失。

4.5.2　开关和插座的安装

1. 开关的安装

对于单刀单掷灯开关（拉线、扳把、翘板、单极断路器、触摸或红外自动开关等），其相线也就是电源的进线，应接在开关的静触点端子上，控制相线也就是开关的出线，应接在开关的动触点端子上。任何单相电器（包括灯具）的控制开关都必须接控制相线，零线一般可不加控制，而零干线上不得有人为的断开点。目前，家庭常用灯开关的安装如图4-8所示。

2. 插座的安装

插座一般不用开关控制，始终是带电的。在照明电路中，一般用双孔插座，接法是零线N接左孔，相线L接右孔，即左零右相；但在公共场所、地面有导电性物质或电气设备有金属壳体时，应选用三孔插座，接法仍为左零右相，地线PE接上面大孔；用于动力系统中的

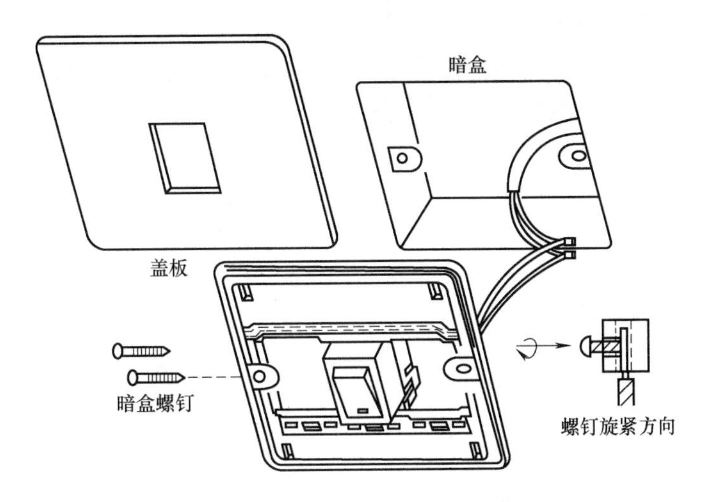

图4-8　家庭常用灯开关的安装

插座，应是三相四孔。它们的接线要求如图4-9所示。

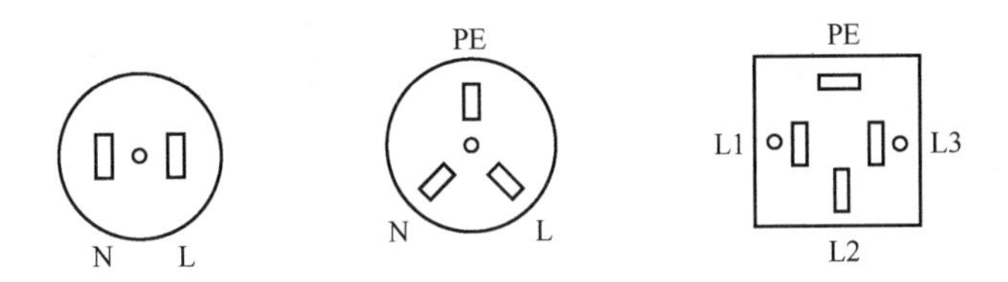

图4-9　插座插孔极性连接方法

L—相线　N—零线　PE—地线

4.5.3　白炽灯的安装与检修

1. 白炽灯功能和构造

白炽灯也称为钨丝灯泡，是白炽灯照明电路的电光源，由灯丝、玻璃外壳和灯头三部分组成，如图4-10所示。灯泡的形式有卡口和螺口两种，使用时应与相应的卡口或螺口灯座相配套。民用照明白炽灯的工作电压为220V，功率为15W、20W、25W、40W等多种规格。

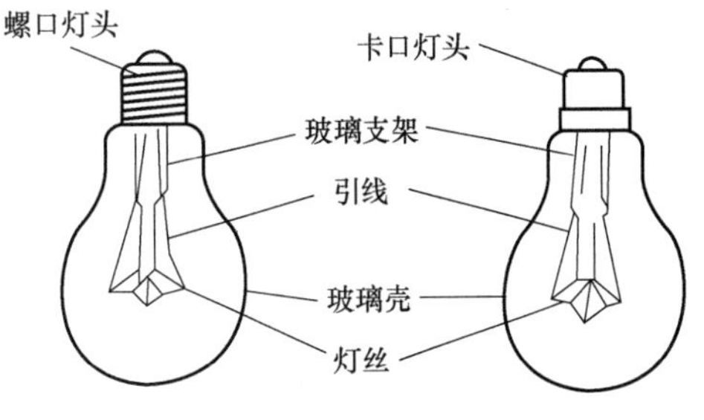

图4-10　白炽灯的构造

2. 白炽灯的安装

白炽灯的安装通常有悬吊式、嵌顶式和壁式等几种，常见的悬吊式安装方法如下：

（1）天棚座的安装　接线盒预埋在棚顶，先将接线盒内引出的电线头从天棚座内穿出，再用木螺钉将天棚座固定在接线盒上；然后将线头剥去绝缘层后弯成线圈，分别压在天棚座与灯头之间的连接线上。为不使接线头承受灯具的重量，从接线螺钉引出的电线两端需打个电工结，使结扣卡在天棚座上盖的出线孔处，如图4-11a所示。

（2）吊灯头的安装　将软线穿入灯头盖孔中，打一个电工结，然后把去除绝缘层的导线头分别压在接线柱上，注意任何部位的螺口白炽灯，经开关后的控制相线应接在对应灯口内中央舌片的螺钉上，零线则应接在对应螺口的螺钉上，如图 4-11b 所示。卡口灯的两个接线柱可任意接零线或接控制相线。

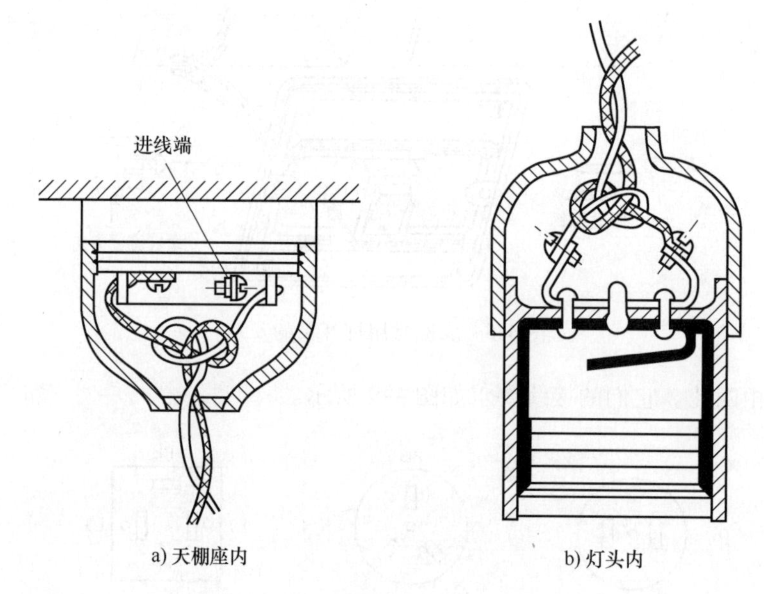

图 4-11　天棚座及灯头中软导线的接法

3. 白炽灯线路的检修

若房间灯泡故障相同，看看电网电压是否波动或停电，检查室内配电箱控制照明的断路器是否跳闸，接线是否可靠，最后考虑更换断路器。下面假定只有一个灯泡出现故障，根据故障现象，分析可能的故障点。

1）灯泡不亮故障：检查这个房间的灯泡，先察看灯泡是否断丝，再检查灯开关是否损坏。

2）灯光闪烁故障：主要是线路接触不好，检查灯开关和导线，灯泡和灯座接触是否可靠，灯开关是否损坏。

3）上级断路器跳闸，检查并更换灯座。

4.5.4　荧光灯的安装与检修

1. 荧光灯的组成

荧光灯电路按镇流器类型不同，分为电感式镇流器荧光灯电路和电子式镇流器荧光灯电路两种形式，如图 4-12 所示。

2. 荧光灯的安装

荧光灯广泛用于照度要求较高、能识别颜色的场所，安装过程如下：

（1）准备工作　备好灯架，检查灯管、电子式镇流器是否完好配套。对于电感式镇流器，还要看辉光启动器是否完好。

（2）组装灯架　对于分散控制的荧光灯，应将镇流器装在灯架的中间位置，对于集中

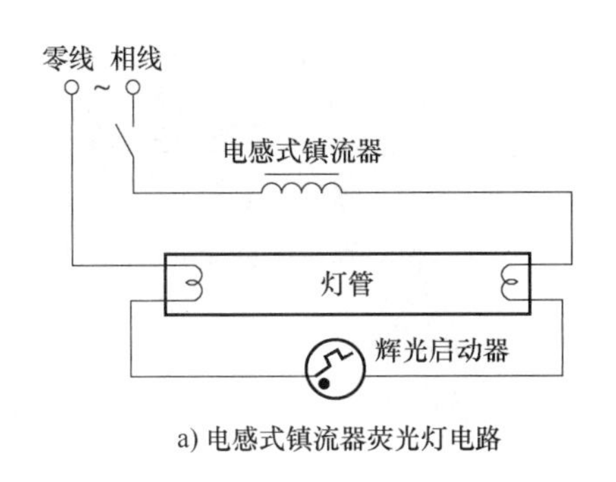

a) 电感式镇流器荧光灯电路

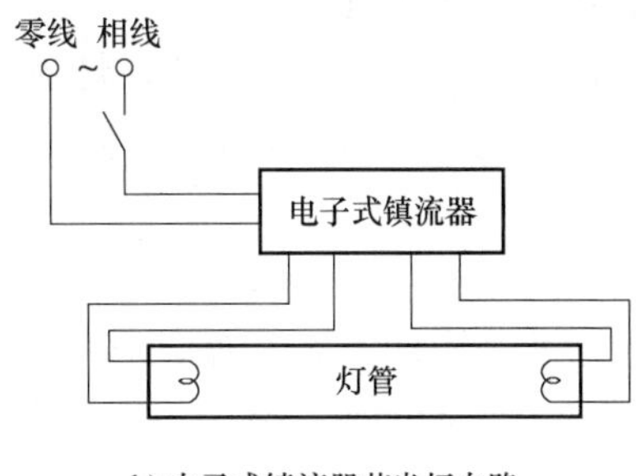

b) 电子式镇流器荧光灯电路

图 4-12　荧光灯常用电路

控制的几盏荧光灯，几只镇流器应集中安装在控制点处的一块配电板上；然后将辉光启动器安装在灯架的一端，两个灯座分别固定在灯架两端，中间距离要按所用灯管长度量好；各配件位置固定后，按电路图接线；接线完毕后应进行检查。

（3）固定灯架　灯架安装的方式有吸顶式和悬吊式。悬吊式又分为金属链条悬吊和钢管悬吊两种。将灯架固定在事先埋设好的紧固件上即可。其安装和接线如图 4-13 所示。

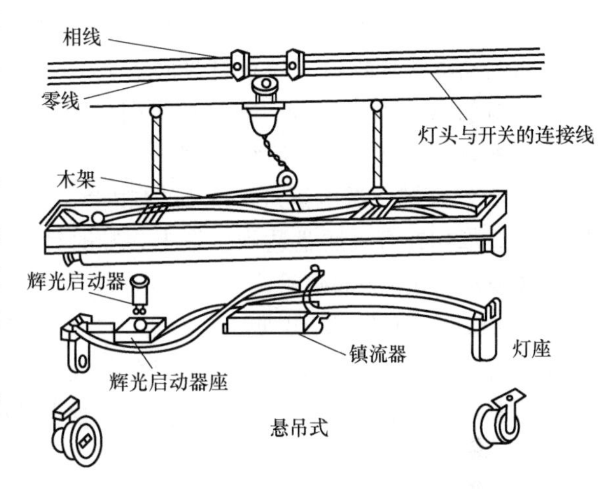

图 4-13　悬吊式荧光灯的安装和接线

最后把辉光启动器旋入底座，把荧光灯管装入灯座，开关、熔断器等按白炽灯安装方法进行接线。检查无误后，即可通电试用。

3. 荧光灯的故障检修

若房间内所有荧光灯故障相同，参照上面白炽灯检修方法进行检修。下面假定只有一个荧光灯出现故障，根据故障现象，分析可能的故障点。

1）接通电源，灯管不亮。首先考虑依次更换灯管、辉光启动器和镇流器；若故障没有解除，取下灯具，处理辉光启动器底座、灯管灯座，排除可能接触不良的故障点。

2）灯管亮度变低或色彩变差，更换灯管，若故障没解除，再更换镇流器。

3）灯光闪烁，更换灯管或辉光启动器，若故障没有排除，再检查灯管座、灯开关是否存在虚接现象，进而排除故障。

4）灯管两头发黑或有黑斑，应更换灯管。

5）灯管启辉后有交流嗡声和杂声，应更换镇流器。

4.5.5　LED 吸顶灯的安装与检修

1. LED 吸顶灯的组成

LED 吸顶灯由灯板、驱动电源、灯具底盘、灯罩等部分组成。圆形 LED 吸顶灯的组成如图 4-14 所示。

2. LED 吸顶灯的安装

(1) 灯具检测　将磁柱安装在灯板上，将驱动电源直流输出端和灯板相连，然后连接测试线并检查灯具是否完好。

(2) 固定灯具底盘　以灯具底盘固定孔尺寸为标准，用冲击钻在棚顶接线盒的周围适当位置钻 ϕ6mm 的安装孔，将塑料胀管打入；将接线盒引出的两根导线从灯具底盘适当位置穿过来，用螺钉将灯具底盘固定在棚顶上。

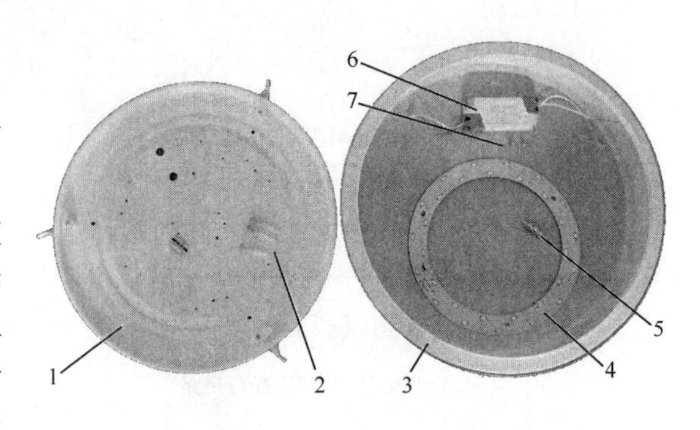

图 4-14　圆形 LED 吸顶灯的组成
1—灯具底盘　2—塑料胀管及螺钉　3—灯罩
4—灯板　5—磁柱　6—驱动电源　7—螺钉

(3) 固定驱动电源和灯板　将驱动电源上的测试线取下，将灯板吸附在灯具底盘上，将驱动电源用螺钉固定在灯具底盘上。

(4) 连接接线盒引出线　将接线盒引出线（零线和控制相线）分别和驱动电源交流输入端的两根导线相连，并做绝缘处理。

(5) 扣好灯罩，送电试灯　将灯罩扣上，旋转卡扣，灯罩就固定好了。若是带丝口的灯罩，将灯罩扣在灯具底盘适当位置上，顺时针旋转灯罩，就固定好了。

3. LED 吸顶灯的故障检修

对于 LED 吸顶灯，若出现灯具不亮、亮度不稳或有杂声，首先检查供电电压是否稳定，灯开关是否损坏，若都正常，故障点应在灯板和驱动电源上，可以和厂家联系更换同等型号的灯板或驱动电源，也可以找专业人员，维修损坏的灯板或驱动电源。

4.6　*N* 地控制一盏灯安装实践

4.6.1　一个开关控制一盏灯电路

1. 电路原理

一个开关控制一盏灯即一地控制一盏灯，其电路原理如图 4-15 所示。

2. 设备、器件和材料

电气工程训练实践操作台，电能表、两相断路器、白炽灯、灯座、单刀双掷开关各一个，接线盒、线管、多种颜色独股 1mm^2 铜导线、测试线、螺钉若干。

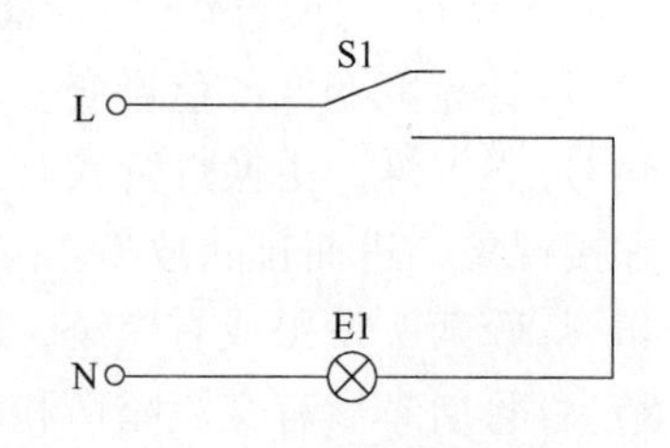

图 4-15　一个开关控制一盏灯电路

3. 工具和仪表

剥线钳、尖嘴钳、螺钉旋具和万用表。

4. 电路连接步骤及注意事项

(1) 器件布置　将电能表、负荷开关、接线盒固定在实践操作台网板上，将接线盒用线管联通起来，器件布置如图 4-16 所示。

(2) 计量配线　完成从实践操作台电源到电能表、负荷开关的连线，如图 4-17 所示。此时应注意以下几点：

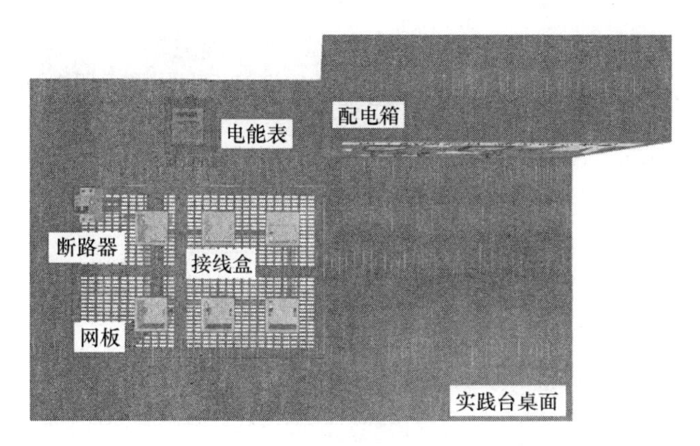

图4-16　器件布置

1）电能表接线，相线1#进2#出，零线3#进4#出。

2）负荷开关接线，上进下出，左零右相。

3）导线颜色：相线为红色，零线为蓝色或黑色。

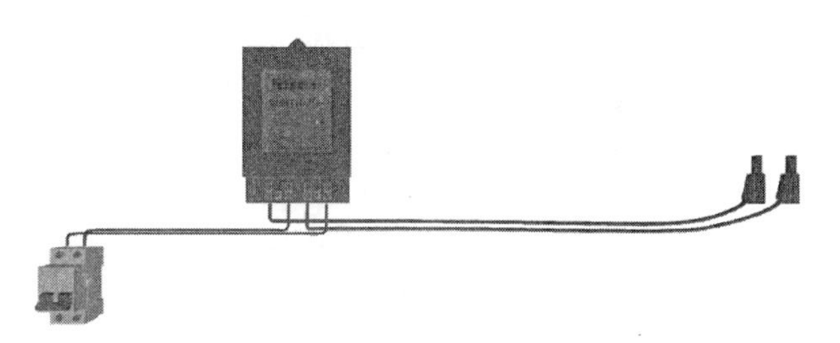

图4-17　计量配电示意图

（3）布局设计　根据原理图，选择灯座和灯开关位置，设计器件接线图。

（4）线管穿线　根据接线图进行线管穿线，如图4-18所示。此时应注意以下几点：

1）相线接灯开关，即灯开关上没有零线。

2）零线接灯具，即灯具上没有相线。

3）相线为红色，零线为黑色，控制相线（灯开关到灯具的线）为蓝色。

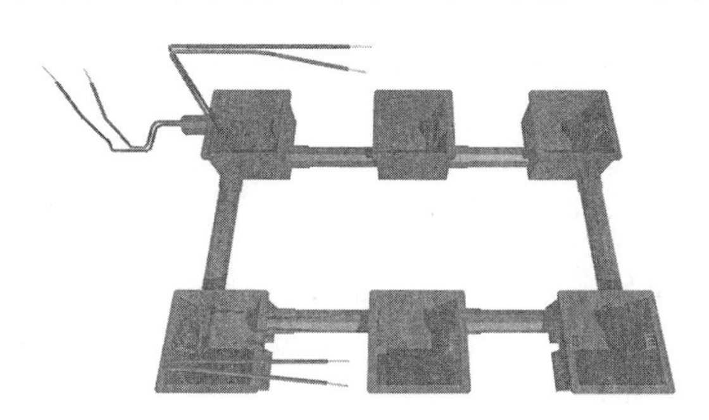

图4-18　线管穿线示意图

（5）连接灯具　根据接线图，将灯座和灯开关与接线盒内引出的导线相连，如图4-19所示。此时应注意以下几点：

1）零线与灯座螺口对应的接线柱相连，控制相线与灯座中央铜片对应接线柱相连。

2）对于单刀双掷开关，一定要确定哪个接线柱对应的是灯开关动触点，将接线盒引出的两根导线分别接在灯开关的一个动触点和一个静触点上。

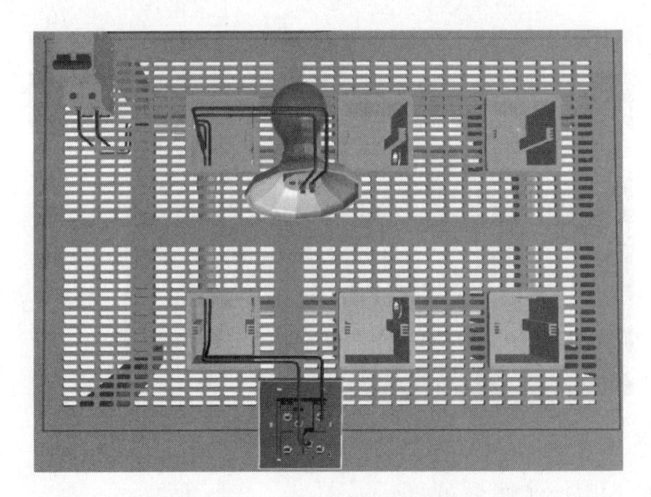

图 4-19　一个开关控制一盏灯接线示意图

5. 电路检测及送电试灯

1）依照电路原理图，按节点查线，每个节点相连的接线柱个数应和原理图相同。

2）在断电状态下，灯开关动作，测量负荷开关下端 L、N 之间的电阻值，将测量数据记录在表 4-1 中。分析电路连接是否正确，灯具和灯开关是否有损坏，共有三种情况：

① 正确：灯开关 S1 断开，$R_{L-N}=\infty$；灯开关 S1 闭合，$R_{L-N}=R_{灯泡}$。

② 短路故障：灯开关 S1 动作，$R_{L-N}=0$。

③ 断路故障：灯开关 S1 动作，$R_{L-N}=\infty$。

表 4-1　一个开关控制一盏灯电路检测数据

S1	R_{L-N}/Ω
断开	
闭合	
结论：	

3）试灯，闭合电源开关和负荷开关，拨动灯开关 S1，看灯具能否正常工作。

6. 评分标准

1）满分 5 分。

2）线路正确，器件完好，3 分。

3）线路不正确，或者因为器件损坏导致灯不亮，酌情给 1 ~ 2 分。

4）完成线管穿线，线路工整，1 分。

5）试灯过程中熔管无损坏，1 分。

4.6.2　两地控制一盏灯电路

1. 电路原理

两地控制一盏灯即两个开关控制一盏灯，其电路原理如图 4-20 所示。

2. 设备、器件和材料

电气工程训练实践操作台，电能表、两相断路器、白炽灯、灯座各一个，单刀双掷开关两个，接线盒、线管、多种颜色独股 1mm² 铜导线、测试线、螺钉若干。

3. 工具和仪表

剥线钳、尖嘴钳、螺钉旋具和万用表。

4. 电路连接步骤及注意事项

（1）布局设计　根据原理图，选择灯座和灯开关位置，设计器件接线图。

（2）线管穿线　根据接线图进行线管穿线，如图 4-21 所示。此时应注意以下两点：

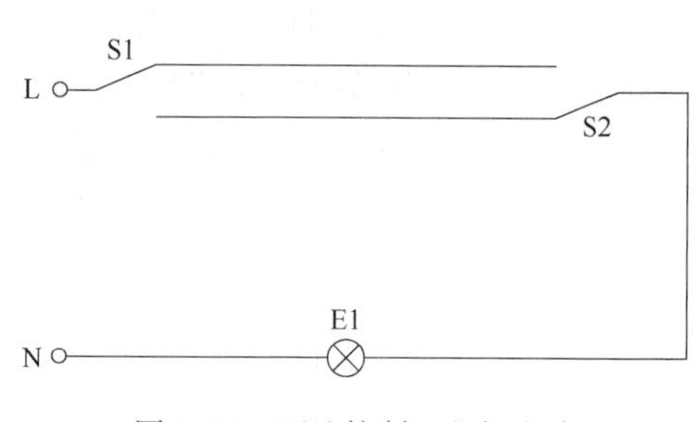

图 4-20　两地控制一盏灯电路

1）相线（红色）接灯开关，零线（黑色）接灯具。

2）控制相线（灯开关-灯开关、灯开关-灯具）蓝色。

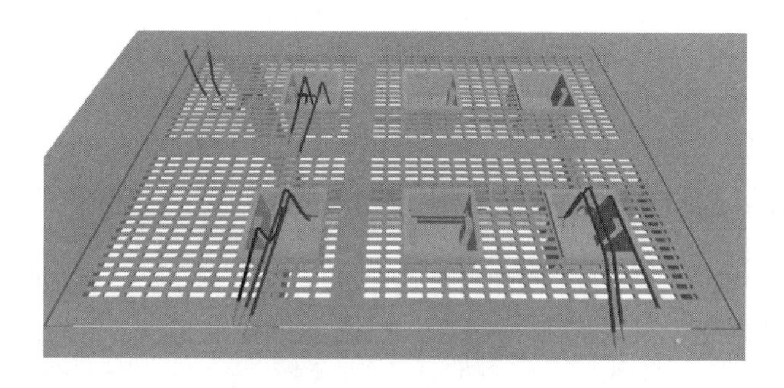

图 4-21　两地控制一盏灯线管穿线示意图

（3）连接灯具　根据接线图，将灯座和灯开关与接线盒内引出的导线相连，如图 4-22 所示。注意两个灯开关的接法：

1）第一个灯开关的动触点接相线，第二个灯开关的动触点接灯具。

2）每个开关的两个定触点，分别同两个开关之间的两根导线相连。

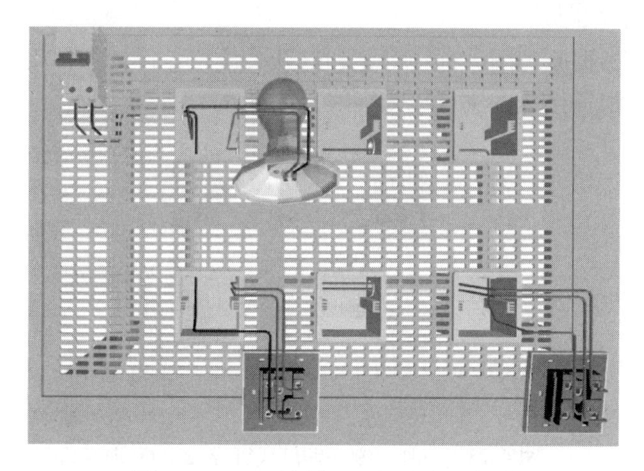

图 4-22　两地控制一盏灯接线示意图

5. 电路检测及送电试灯

1）依照电路原理图，按节点查线，每个节点相连的接线柱个数应和原理图相同。

2）在断电状态下，灯开关动作，测量负荷开关下端 L、N 之间的电阻值，将测量数据记录在表 4-2 中。分析电路连接是否正确，灯具和灯开关是否有损坏。

表 4-2　两地控制一盏灯电路检测数据

S1	S2	$R_{L\text{-}N}/\Omega$
拨上	拨上	
	拨下	
拨下	拨上	
	拨下	
结论：		

3）试灯，闭合电源开关和负荷开关，分别拨动灯开关 S1 和灯开关 S2，看灯具能否正常工作。

6. 评分标准

和 4.6.1 节相同。

4.6.3　三地控制一盏灯电路

1. 电路原理

三地控制一盏灯即三个开关控制一盏灯，根据学生专业情况，电路原理图可自行设计，这里不再给出。

2. 设备、器件和材料

电气工程训练实践操作台，电能表、两相断路器、白炽灯、灯座、双刀双掷开关各一个，单刀双掷开关两个，接线盒、线管、多种颜色独股 $1mm^2$ 铜导线、测试线、螺钉若干。

3. 工具和仪表

剥线钳、尖嘴钳、螺钉旋具和万用表。

4. 电路连接步骤

（1）布局设计　根据原理图，选择灯座和灯开关位置，设计器件接线图。

（2）线管穿线　根据接线图进行线管穿线，如图 4-23 所示。

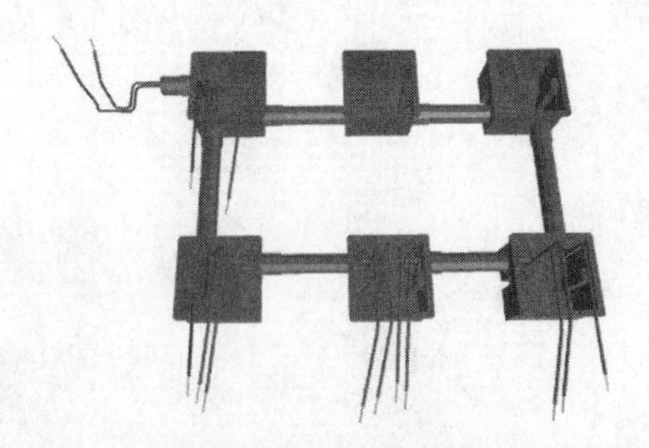

图 4-23　三地控制一盏灯线管穿线示意图

（3）连接灯具　根据连线图，将灯座和灯开关与接线盒内引出的导线相连。

5. 电路检测及送电试灯

1）依照电路原理图，按节点查线，每个节点相连的接线柱个数和原理图相同。

2）在断电状态下，灯开关动作，测量负荷开关下端 L、N 之间的电阻值，将测量数据记录在表 4-3 中。分析电路连接是否正确，灯具和灯开关是否有损坏。

表 4-3　三地控制一盏灯电路检测数据

S1	S2	S3	$R_{L\text{-}N}/\Omega$
拨上	拨上	拨上	
		拨下	
	拨下	拨上	
		拨下	
拨下	拨上	拨上	
		拨下	
	拨下	拨上	
		拨下	
结论：			

3）试灯，闭合电源开关和负荷开关，分别拨动灯开关 S1、S2、S3，看灯具能否正常工作。

6. 评分标准

和 4.6.1 节相同。

4.7　照明电路创新实践

4.7.1　三盏灯串并联电路

1. 器件和材料

断路器一个，白炽灯、灯座各三个，单刀双掷开关两个，独股 1mm² 铜导线若干。

2. 电路原理

三盏灯串并联电路原理如图 4-24 所示。

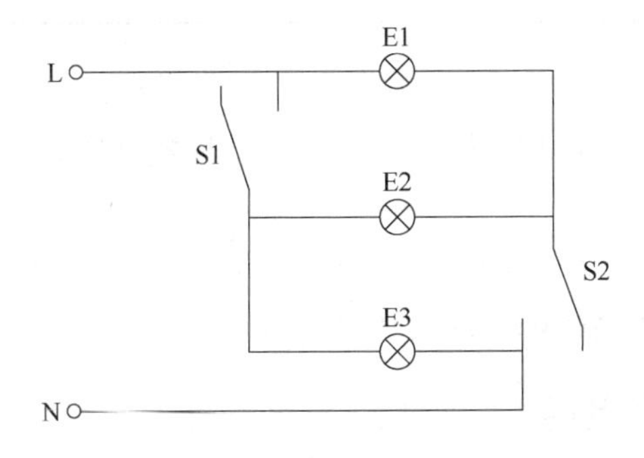

图 4-24　三盏灯串并联电路原理

3. 电路分析

两个灯开关对应 4 种工作状态，分析电路，将电路工作状态填入表 4-4 中。

表 4-4　三盏灯串并联电路工作状态分析表

S1	S2	R_{L-N}/Ω	E1、E2、E3
断开	断开		
断开	闭合		
闭合	断开		
闭合	闭合		

4. 电路连接

根据电路原理图，画出器件接线图，在此基础上连接电路。

5. 实践效果

在断电状态下，灯开关动作，测量负荷开关下端 L、N 之间的电阻值，将测量数据记录在表 4-4 中。判断是否有短路故障，最后送电试灯。

4.7.2　两盏灯串并联电路

1. 器件和材料

断路器一个，白炽灯、灯座、单刀双掷开关各两个，独股 $1mm^2$ 铜导线若干。

2. 电路原理图

通过两个灯开关控制，既能实现两盏灯并联工作，也能实现两盏灯串联工作，还能实现单独一盏灯发光。根据学生专业情况，电路原理图可自行设计。

3. 电路分析

两个灯开关对应 4 种工作状态，分析电路，将电路工作状态填入表 4-5。

表 4-5　两盏灯串并联电路工作状态分析

S1	S2	R_{L-N}/Ω	E1、E2
拨上	拨上		
	拨下		
拨下	拨上		
	拨下		

4. 电路连接

根据电路原理图，画出器件接线图，在此基础上连接电路。

5. 实践效果

在断电状态下，灯开关动作，测量负荷开关下端 L、N 之间的电阻值，将测量数据记录在表 4-5 中。判断是否有短路故障，最后送电试灯。

4.7.3　长明灯简易调光电路

1. 器件和材料

断路器一个，白炽灯、灯座、单刀双掷开关、整流二极管 1N4007 各 1 个，独股 $1mm^2$ 铜导线若干。

2. 电路原理

用一只二极管构成白炽灯简易调光电路，电路原理如图4-25所示。

3. 电路分析

利用二极管的单向导电性，滤掉（截断）220V交流电的正半周或负半周电流，进而实现简易调光的作用。

4. 电路连接

根据电路原理图，画出器件接线图，在此基础上连接电路。

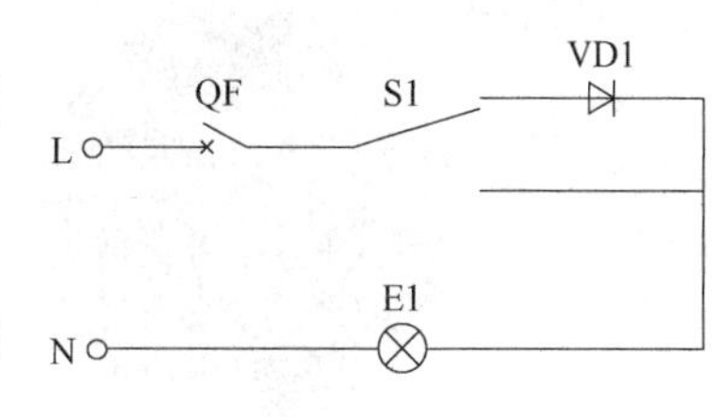

图4-25　白炽灯简易调光电路原理

5. 实践效果

送电试灯，看看是否实现了调光作用。

4.7.4　220V、0.5W、38个LED节能灯的制作

1. 器件清单

220V、0.5W、38个LED灯由驱动电源板、灯板、LED灯珠、配套的螺口外壳、灯罩等部分组成。散件如图4-26所示。

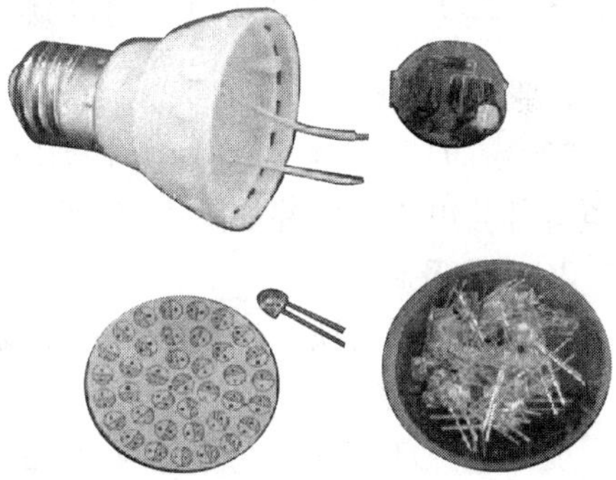

图4-26　220V、0.5W、38个LED灯散件

2. 工具及材料

万用表、电烙铁、焊锡丝和软导线。

3. 电路原理

220V交流电经阻容降压、二极管桥式整流、滤波后为串联的38个LED灯珠提供直流电，原理如图4-27所示。

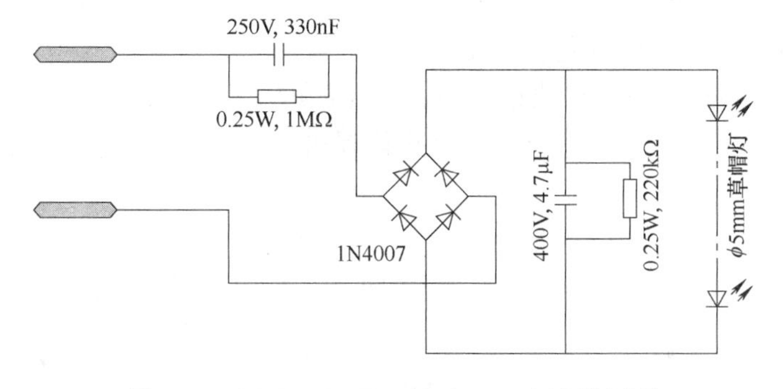

图4-27　220V、0.5W、38个LED灯电路原理

4. 实践步骤及注意事项

1）将螺口外壳的两根线，分别焊接在对应驱动电源板上交流220V输入端的两个焊盘上，如图4-28所示。

2）在对应驱动电源板上直流输出端的两个焊盘上，焊接红色和白色两根软导线，红色接标记的“+”端，白色接标记的“-”端。

3）将38个LED灯珠焊接在灯板上，注意正负极标记，不能焊反。

4）将驱动电源的直流输出两根软导线焊接在灯板的对应位置，注意正负极标记。

5）检查是否有虚焊、连错的地方，然后送电试灯，成功后扣上灯罩。

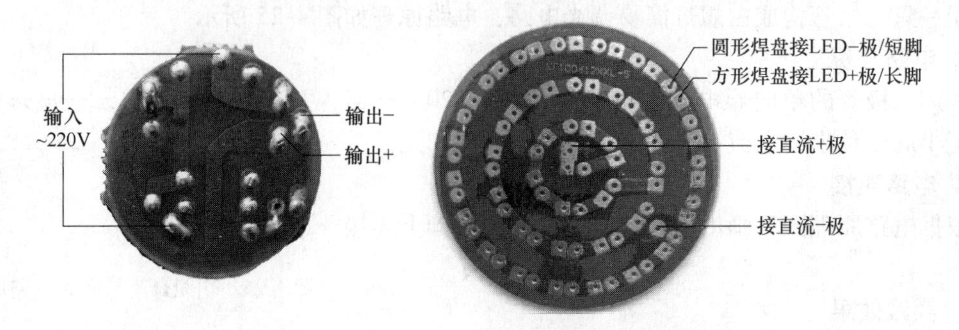

图 4-28　220V、0.5W、38 个 LED 焊接连线示意图

4.7.5　220V、7W、7 个 LED 球泡灯的制作

1. 器件清单

220V、7W、7 个 LED 灯由驱动电源板、灯板、LED 灯珠、配套的螺口外壳、散热器、灯罩等部分组成。散件如图 4-29 所示。

2. 工具及材料

万用表、电烙铁、焊锡丝和软导线。

3. 电路原理

驱动电源部分是一个电流源电路，为 LED 灯板提供固定的直流电流，实现电能到光能的转换。电路原理如图 4-30 所示。

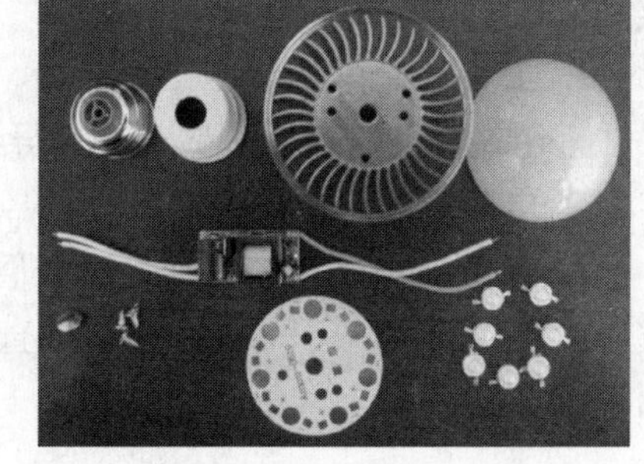

图 4-29　220V、7W、7 个 LED 球泡灯散件

4. 实践步骤及注意事项

1）将 LED 铝基板用螺钉固定在外壳上。

2）驱动电源红线接正极，白线接负极，从壳体内穿出，焊接在铝基板中间对应焊盘（先镀上少许焊锡）上。不要剪短或再次剥绝缘层。

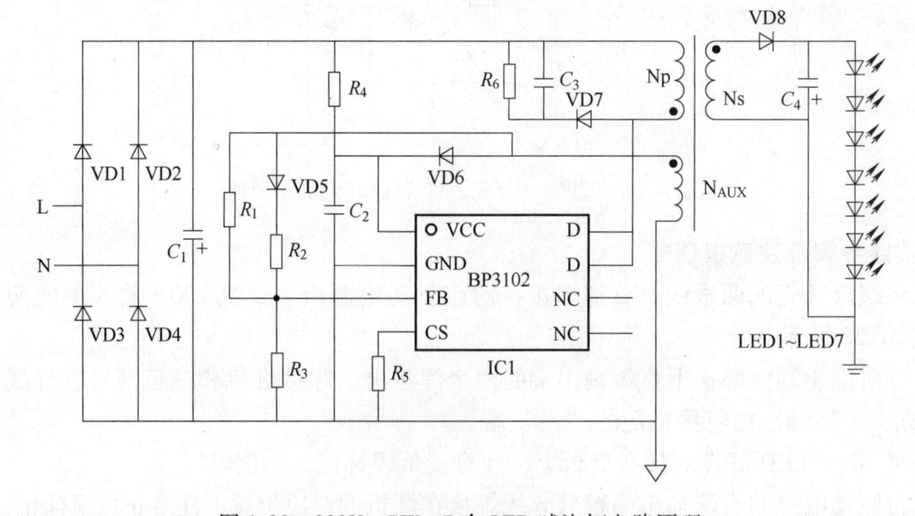

图 4-30　220V、7W、7 个 LED 球泡灯电路原理

3）铝基板对应处涂薄薄一层导热硅脂，将LED灯珠底部压在上面，正、负极分别焊接在对应焊盘（不用镀锡）上。灯珠负极有标识，不能接反。焊接时，电烙铁（给焊盘和灯珠管脚）预热→添加焊锡（3~5mm）→焊锡从灯脚熔化到焊盘上，撤焊锡→撤电烙铁。

4）驱动电源交流输入（两条白色线），绝缘层剥离前长度先比量好，一条缠在塑料壳体螺旋口外侧和金属螺旋相连，另一条从金属螺旋中央穿出，用螺钉固定。两条线长度要预留够，尽可能把驱动电源拉在塑料壳体内，使其不接触散热器，以免短路。

5）灯亮后，再上灯罩，用工具固定螺口。

4.7.6　220V、0.5W、10个LED球泡灯的制作

1. 器件清单

220V、0.5W、10个LED灯由驱动电源板、灯板、贴片LED灯珠、配套的螺口外壳、灯罩等部分组成。散件如图4-31所示。

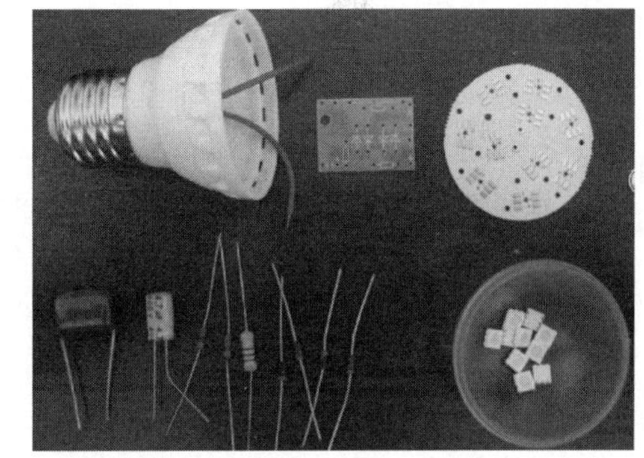

图4-31　220V、0.5W、10个LED球泡灯散件

2. 工具及材料

万用表、电烙铁、焊锡丝和软导线。

3. 电路原理

驱动电源部分是一个阻容降压和桥式整流电路，为LED灯板提供脉动直流电压，实现电能到光能的转换。电路原理如图4-32所示。

4. 实践步骤及注意事项

（1）驱动电源板

1）元器件位置不能错。

2）二极管、电解电容器有正负极。

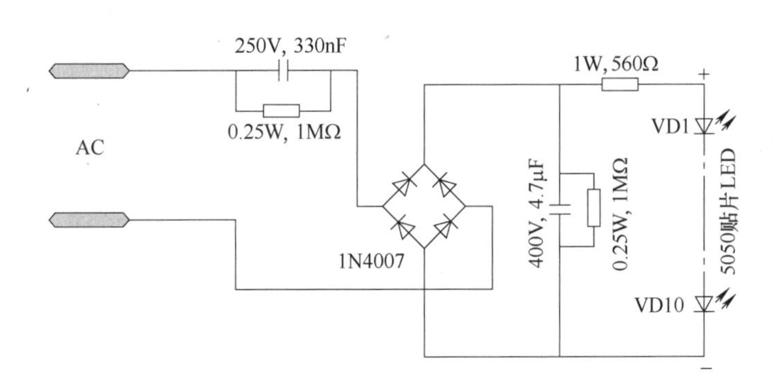

图4-32　220V、0.5W、10个LED球泡灯电路原理

3）直流输出到灯板+、−极。

（2）LED灯板

1）贴片二极管正负极不能焊反，并可靠焊接。

2）焊接时间尽可能短，以免烫坏元器件和焊盘。

3）焊点焊锡尽可能少，以免三个引脚短路。

驱动电源板和LED灯板焊接示意图如图4-33所示。

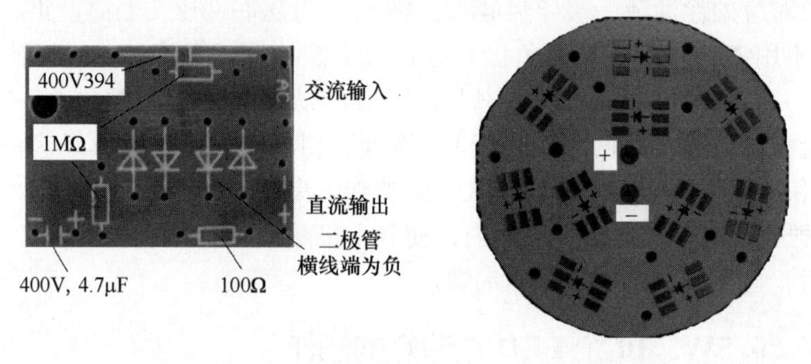

图 4-33　电源驱动板和 LED 灯板焊接示意图

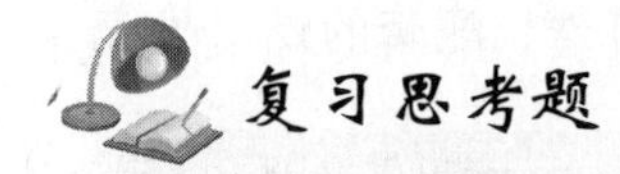

复习思考题

1. 三相五线制供电系统有哪些特点？单相三线制是指哪三线？
2. 如何进行线管穿线？线管配线的工艺要求主要有哪些？
3. 在实践过程中，电能表是如何接线的？
4. 试着画出自己家里关于室内照明和各房间插座的电气原理图。
5. 说明自己家里各房间所用灯具的类型、规格和用途。
6. 灯具安装工艺要求主要有哪些？
7. 单刀单掷开关应该如何接线？
8. 单线三孔插座应该如何接线？
9. 天棚座内的电工结有什么作用？
10. 吊灯头（灯座）内的零线和控制相线如何接线？
11. 房间里有一个灯泡不亮了，分析一下可能的原因。
12. 简述 LED 吸顶灯的安装步骤。
13. 用万用表如何确定单刀双掷开关的动触点？
14. 如何实现 N 地控制一盏灯？
15. 简易调光电路利用了二极管的什么特性？
16. 使用电烙铁在灯板上焊接 LED 灯珠时，应该注意哪些事项？

第5章　智能家居和智能控制

目的与要求

1. 了解智能家居的概念和发展趋势。
2. 了解智能控制的概念和发展趋势。
3. 掌握智能的思维方式。
4. 了解智慧城市，科技新城建设的目标和组成。

5.1　智能家居

5.1.1　智能家居概述

1. 智能家居的概念

智能家居是以住宅为平台，利用综合布线技术、网络通信技术、安全防范技术、自动控制技术、音视频技术将与家居生活有关的设施集成，构建高效的住宅设施与家庭日程事务的管理系统，提升家居安全性、便利性、舒适性、艺术性，并实现环保节能的居住理念。

智能家居让用户以更方便的手段来管理家庭设备，比如通过触摸屏、手持遥控器、手机、互联网来控制家用设备，更可以执行情景操作，使多个设备形成联动；另一方面，智能家居内的各种设备相互间可以通信，不需要用户指挥也能根据不同的状态互动运行，从而给用户带来最大程度的方便、高效、安全与舒适。

2. 起源和表述

20世纪80年代初，随着大量采用电子技术的家用电器面市，住宅电子化出现。20世纪80年代中期，人们将家用电器、通信设备与安保防灾设备等各自独立的功能综合为一体后，形成了住宅自动化概念。20世纪80年代末，由于通信与信息技术的发展，出现了对住宅中各种通信、家电、安保设备通过总线技术进行监视、控制与管理的商用系统，这在美国被称为Smart Home，也就是智能家居的原型。

3. 发展现状

根据《中国智能家居设备行业发展环境与市场需求预测分析报告前瞻》分析，目前我国智能家居产品与技术百花齐放，市场上明显出现低、中、高的产品档次，行业进入快速成长期。面对中国庞大的需求市场，预计该行业将以年均19.8%的速率增长。智能家居最初的发展主要以灯光遥控控制、电器远程控制和电动窗帘控制为主，随着行业的发展，智能控制的功能越来越多，控制的对象不断扩展，控制的联动场景要求更高，已延伸到家庭安防报警、背景音乐、可视对讲、门禁指纹控制等领域。可以说智能家居几乎可以涵盖所有传统的弱电行业，市场发展前景诱人，因此和其产业相关的各路品牌不约而同加大力度争夺智能家居业务。

智能家居其实有两种表述语意，定义中描述的以及我们通常所指的都是智能家居这一住宅环境，既包括单个住宅中的智能家居，也包括在居住小区中实施的基于智能小区平台的智能家居项目，如深圳红树西岸智能家居。第二种语意是指物联网智能家居系统产品，这类产品应通过集成安装方式完成，因此完整的智能家居系统产品应是包括了硬件产品、软件产品、集成与安装服务、售后在内的一个完整的服务过程。

4. 发展方向

近百年来，发明家很难改进看似平常的照明开关。与当今许多要求高精度的技术相比，照明开关可靠、直观而且即时响应。它从来不会耗尽电池、需要重启或者升级操作系统。因此，要通过移动应用、蓝牙或 WiFi 连接让家用电器变得“智能”，改进的标杆很高，在这么做的同时不让人感到困惑和复杂的概率很低。

现在，移动设备的普及，以及无线芯片和其他电子元器件价格不断下降，让大大小小的公司可以尝试更廉价的智能系统。

可以预见的是，智能家居的发展方向将是：感知更加智能化、业务更加融合化、终端更加集约化、终端接入无线化。

5.1.2 智能家居的功能

1. 住宅灯光管理智能化

智能家居可以用遥控器控制、定时控制、手机控制、计算机及互联网控制等多种智能控制方式实现对全宅灯光的遥控开关、调光、全开全关，以及“会客、影院”等多种一键式灯光场景效果的实现，从而实现节能、环保、舒适、方便的智能照明。它的优点是：

1）控制灵活。有就地控制、多点控制、遥控控制、区域控制等多种形式。

2）安全性高。通过弱电控制强电方式，控制电路与负荷电路分离。

3）操作简单。智能灯光控制系统采用模块化结构设计，简单灵活、安装方便。

4）适配性好。根据环境及用户需求的变化，只需做软件修改设置就可以实现灯光布局的改变和功能扩充。

2. 电器控制弱电控制化

既安全又智能，可以用遥控、定时等多种控制方式实现对家中饮水机、插座、空调、地暖、投影机、新风系统等的智能控制，避免饮水机在夜晚反复加热影响水质；在外出时断开插座电源，避免电器发热引发安全隐患；对空调地暖进行定时或者远程控制，让您到家后马上享受舒适的温度和新鲜的空气等。它的优点是：

1）方便。就地控制、场景控制、遥控控制、电话、计算机远程控制等。

2）准确。通过红外线或者协议信号方式控制，安全方便互不干扰。

3）健康。通过智能检测器，可以对家中的温度、湿度、亮度进行检测，并驱动电气设备自动工作。

4）安全。系统可以根据人的生活节奏自动开启或关闭电路，避免不必要的浪费和电器老化引起的火灾。

3. 视频监控智能化

视频监控系统已经广泛地存在于银行、商场、车站和交通路口等公共场所，但实际的监控任务仍需要较多的人工完成，而且现有的视频监控系统通常只是录制视频图像，提供的信息是没有经过解释的视频图像，只能用作事后取证，没有充分发挥监控的实时性和主动性。为了能实时分析、跟踪、判别监控对象，并在异常事件发生时提示、上报，视频监控的“智能化”就显得尤为重要。它的优点是：

1）安全。安防系统可以对陌生人入侵、煤气泄漏、火灾等情况及时发现并通知主人。

2）简单。操作简单，可以通过遥控器或者门口控制器布防或者撤防。

3）实用。视频监控系统可以依靠安装在室外的摄像机有效阻止小偷进一步行动，并且也可以在事后取证，给警方提供有利证据。

4. 家庭音响系统多功能化

家庭音响系统是在公共背景音乐的基本原理基础上结合家庭生活的特点发展而来的新型背景音乐系统。简单地说，就是在家庭任何一间房子里，比如花园、客厅、卧室、酒吧、厨房或卫生间，可以将 MP3、FM、DVD、计算机等多种音源进行系统组合，让每个房间都能听到美妙的背景音乐。家庭系统既可以美化空间，又起到很好的装饰作用。它的优点是：

1）独特。与传统音乐不同，专业针对家庭进行设计。

2）效果好。采用高保真双声道立体声扬声器，音质效果好。

3）简单。控制器人性化设计，操作简单，无论老人小孩都会操作。

4）方便。人性化，主机隐蔽安装，只需通过每个房间的控制器或者遥控器就可以控制。

5. 视频共享系统集成化

视频共享系统是将数字电视机顶盒、DVD 机、录像机、卫星接收机等视频设备集中安装于隐蔽的地方，系统可以做到让客厅、餐厅、卧室等多个房间的电视机共享家庭影音库，并可以通过遥控器选择自己喜欢的视频源进行观看。采用这样的方式既可以让电视机共享音视频设备，又不需要重复购买设备和布线，既节省了资金又节约了空间。它的优点是：

1）简单。布线简单，一根线可以传输多种视频信号，操作更方便。

2）实用。无论主机在哪里，一个遥控器就可以对所有视频主机进行控制。

3）安全。采用弱电布线，网线传输信号。

5.1.3　智能家居系统的组成

所谓的家庭智能化就是通过家居智能管理系统的设施来实现家庭安全、舒适、信息交互与通信的能力。家居智能化系统由三个方面组成：家庭安全防范（HS）、家庭设备自动化（HA）、家庭通信（HC）。

在建设家居智能化系统时，依据中国有关标准，具体提出了以下基本要求：

1）应在卧室、客厅等房间设置有线电视插座。

2）应在卧室、书房、客厅等房间设置信息插座。

3）应设置访客对讲和大楼出入口门锁控制装置。

4）应在厨房内设置燃气报警装置。

5）宜设置紧急呼叫求救按钮。

6）宜设置水表、电能表、燃气表、暖气（有采暖地区）的自动计量远传装置。

5.2 智能控制

5.2.1 智能控制的概念

自1971年傅京孙教授提出“智能控制”概念以来，智能控制已经从二元论（人工智能和控制论）发展到四元论（人工智能、模糊集理论、运筹学和控制论）。智能控制是多学科交叉的学科，它的发展得益于人工智能、认知科学、模糊集理论和生物控制论等许多学科的发展，同时也促进了相关学科的发展。智能控制也是发展较快的新兴学科，尽管其理论体系还远没有经典控制理论那样成熟和完善，但智能控制理论和应用研究所取得的成果显示出其旺盛的生命力。随着科学技术的发展，智能控制的应用领域将不断拓展，理论和技术也必将得到不断的发展和完善。

目前，智能控制的定义有以下四种。

1）智能控制是由智能机器自主实现其目标的过程，而智能机器则定义为，在结构化或非结构化的，熟悉的或陌生的环境中，自主地或与人交互地执行人类规定的任务的一种机器。

2）K. J. 奥斯托罗姆则认为，把人类具有的直觉推理和试凑法等智能加以形式化或机器模拟，并用于控制系统的分析与设计中，以期在一定程度上实现控制系统的智能化，这就是智能控制。他还认为自调节控制、自适应控制就是智能控制的低级体现。

3）智能控制是一类无需人的干预就能够自主驱动智能机器实现其目标的自动控制，也是用计算机模拟人类智能的一个重要领域。

4）智能控制实际只是研究与模拟人类智能活动及其控制与信息传递过程的规律，研制具有仿人智能的工程控制与信息处理系统的一个新兴分支学科。

智能控制的核心在高层控制，即组织控制。高层控制是指对实际环境或过程进行组织、决策和规划，以实现问题求解。为了完成这些任务，需要采用符号信息处理、启发式程序设计、知识表示、自动推理和决策等有关技术。这些问题的求解过程与人脑的思维过程有一定的相似性，即具有一定程度的“智能”。对许多复杂的系统，难以建立有效的数学模型和用常规的控制理论进行定量计算和分析，而必须采用定量方法与定性方法相结合的控制方式。定量方法与定性方法相结合的目的是，由机器用类似于人的智慧和经验来引导求解过程。因此，在研究和设计智能系统时，主要注意力不放在数学公式的表达、计算和处理方面，而是放在对任务和现实模型的描述、符号和环境的识别以及知识库和推理机的开发上，即智能控制的关键问题不是设计常规控制器，而是研制智能机器的模型。随着人工智能和计算机技术的发展，已经有可能把自动控制和人工智能以及系统科学中一些有关学科分支（如系统工程、系统学、运筹学、信息论）结合起来，建立一种适用于复杂系统的控制理论和技术。智能控制正是在这种条件下产生的。它是自动控制技术的最新发展阶段，也是用计算机模拟人类智能进行控制的研究领域。

5.2.2 智能控制的发展历史和特点

1. 发展历史

从20世纪60年代起，计算机技术和人工智能技术迅速发展，为了提高控制系统的自学习能力，控制界学者开始将人工智能技术应用于控制系统。

1965年，美籍华裔科学家傅京孙教授首先把人工智能的启发式推理规则用于学习控制系统。1966年，Mendel进一步在空间飞行器的学习控制系统中应用了人工智能技术，并提出了“人工智能控制”的概念。1967年，Leondes和Mendel首先正式使用“智能控制”一词。

20世纪70年代初，傅京孙、Saridis等学者从控制论角度总结了人工智能技术与自适应、自组织、自学习控制的关系，提出了智能控制就是人工智能技术与控制理论的交叉的思想，并创立了人机交互式分级递阶智能控制的系统结构。

20世纪70年代中期，以模糊集合论为基础，智能控制在规则控制研究上取得了重要进展。1974年，Mamdani提出了基于模糊语言描述控制规则的模糊控制器，将模糊集和模糊语言逻辑用于工业过程控制，之后又成功地研制出自组织模糊控制器，使得模糊控制器的智能化水平有了较大提高。模糊控制的形成和发展，以及与人工智能的相互渗透，对智能控制理论的形成起了十分重要的推动作用。

20世纪80年代，专家系统技术的逐渐成熟及计算机技术的迅速发展，使得智能控制和决策的研究也取得了较大进展。1986年，K. J. Astrom发表的著名论文《专家控制》中，将人工智能中的专家系统技术引入控制系统，组成了另一种类型的智能控制系统——专家控制。目前，专家控制方法已有许多成功应用的实例。

2. 特点

智能控制与传统的或常规的控制有密切的关系，不是相互排斥的。常规控制往往包含在智能控制之中，智能控制也利用常规控制的方法来解决“低级”的控制问题，力图扩充常规控制方法并建立一系列新的理论与方法来解决更具有挑战性的复杂控制问题。

1）传统的自动控制是建立在确定的模型基础上的，而智能控制的研究对象则存在模型严重的不确定性，即模型未知或知之甚少，或者模型的结构和参数在很大的范围内变动。比如，工业过程的病态结构问题、某些干扰的无法预测，致使无法建立其模型，这些问题对基于模型的传统自动控制来说很难解决。

2）传统的自动控制系统的输入或输出设备与人及外界环境的信息交换很不方便，希望制造出能接受印刷体、图形甚至手写体和口头命令等形式的信息输入装置，能够更加深入而灵活地和系统进行信息交流，同时还要扩大输出装置的能力，能够用文字、图样、立体形象、语言等形式输出信息。另外，通常的自动装置不能接受、分析和感知各种看得见、听得着的形象、声音的组合以及外界的其他情况。为扩大信息通道，就必须给自动装置安上能够以机械方式模拟各种感觉的精确的送音器，即文字、声音、物体识别装置。可喜的是，近几年计算机及多媒体技术的迅速发展，为智能控制在这一方面的发展提供了物质上的准备，使智能控制变成了多方位的“立体”控制系统。

3）传统的自动控制系统对控制任务的要求，要么使输出量为定值（调节系统），要么使输出量跟随期望的运动轨迹（跟随系统），因此具有控制任务单一性的特点，而智能控制系统的控制任务比较复杂，例如在智能机器人系统中，它要求系统对一个复杂的任务具有自动规划和决策的能力，有自动躲避障碍物运动到某一预期目标位置的能力等。对于这些具有复杂任务要求的系统，采用智能控制的方式便可以满足。

4）传统的控制理论对线性问题有较成熟的理论，而对高度非线性的控制对象虽然有一些非线性方法可以利用，但不尽人意。而智能控制为解决这类复杂的非线性问题找到了一个出路，成为解决这类问题行之有效的途径。

5）与传统自动控制系统相比，智能控制系统具有足够的关于人的控制策略、被控对象、环境的有关知识以及运用这些知识的能力。

6）与传统自动控制系统相比，智能控制系统能以知识表示的非数学广义模型和以数学表示的混合控制过程，采用开闭环控制和定性及定量控制结合的多模态控制方式。

7）与传统自动控制系统相比，智能控制系统具有变结构特点，能总体自寻优，具有自适应、自组织、自学习和自协调能力。

8）与传统自动控制系统相比，智能控制系统有补偿及自修复能力和判断决策能力。

总之，智能控制系统通过智能机自动地完成其目标的控制过程，其智能机可以在熟悉或不熟悉的环境中自动地或人—机交互地完成拟人任务。

5.2.3 智能控制的发展历程及应用

1. 发展历程

智能控制是自动控制理论发展的必然趋势。自动控制理论是人类在征服自然，改造自然的斗争中形成和发展的。自动控制理论从形成至今，可分为三个阶段：第一阶段是以 20 世纪 40 年代兴起的调节原理为标志，称为经典控制理论阶段；第二阶段以 20 世纪 60 年代兴起的状态空间法为标志，称为现代控制理论阶段；第三阶段则是 20 世纪 80 年代兴起的智能控制理论阶段。

傅京孙在 1971 年指出，为了解决智能控制的问题，用严格的数学方法研究发展新的工具，对复杂的“环境-对象”进行建模和识别，以实现最优控制，或者用人工智能的启发式思想建立对不能精确定义的环境和任务的控制设计方法。这两者都值得一试，而更重要的也许还是把这两种途径紧密地结合起来，进行统筹研究。也就是说，对于复杂的环境和复杂的任务，如何将人工智能技术中较少依赖模型的问题的求解方法与常规的控制方法相结合，正是智能控制所要解决的问题。

Saridis 在学习控制系统研究的基础上，提出了分级递阶和智能控制结构，整个结构自上而下分为组织级、协调级和执行级三个层次，其中执行级是面向设备参数的基础自动化级，在这一级不存在结构性的不确定性，可以用常规控制理论的方法设计。协调级实际上是一个离散事件动态系统，主要运用运筹学的方法研究。组织级涉及感知环境和追求目标的高层决策等类似于人类智能的功能，可以借鉴人工智能的方法来研究。因此，Saridis 将傅京孙关于智能控制是人工智能与自动控制相结合的提法发展为：智能控制是人工智能、运筹学和控制系统理论三者的结合。

1985 年 8 月，IHE 在美国纽约召开了第一届智能控制学术讨论会，智能控制原理和智能控制系统的结构这一提法成为这次会议的主要议题。这次会议决定，在 IEEE 控制系统学会下设立一个 IEEE 智能控制专业委员会，这标志着智能控制这一新兴学科研究领域的正式诞生。智能控制作为一门独立的学科，已正式在国际上建立起来，智能技术在国内也受到广泛重视。中国自动化学会等于1993年8月在北京召开了第一届全球华人智能控制与智能自动化大会，1995年8月在天津召开了智能自动化专业委员会成立大会及首届中国智能自动化学术会议，1997年6月在西安召开了第二届全球华人智能控制与智能自动化大会。

近年来，智能控制技术在国内外已有了较大的发展，已进入工程化、实用化的阶段。但作为一门新兴的理论技术，它还处在一个发展时期。然而，随着人工智能技术、计算机技术的迅速发展，智能控制必将迎来它的发展新时期。

2. 应用

（1）机械制造中的智能控制　在现代先进制造系统中，需要依赖那些不够完备和不够精确的数据来解决难以或无法预测的问题，人工智能技术为解决这类难题提供了有效的解决方案。智能控制随之也被广泛应用于机械制造行业，它利用模糊数学、神经网络的方法对制造过程进行动态环境建模，利用传感器融合技术进行信息的预处理和综合。可采用专家系统的“Then-If”逆向推理作为反馈机构，修改控制机构或者选择较好的控制模式和参数。利用模糊集合和模糊关系的鲁棒性，将模糊信息集成到闭环控制的外环决策选取机构来选择控制动作。利用神经网络的学习功能和并行处理信息的能力，进行在线模式识别，处理那些可能是残缺不全的信息。

（2）电力电子学研究领域中的智能控制　电力系统中发电机、变压器、电动机等电机、电气设备的设计、生产、运行、控制是一个复杂的过程，国内外的电气工作者将人工智能技术引入到电气设备的优化设计、故障诊断及控制中，取得了良好的控制效果。遗传算法是一种先进的优化算法，采用此方法来对电气设备的设计进行优化，可以降低成本，缩短计算时间，提高产品设计的效率和质量。应用于电气设备故障诊断的智能控制技术有：模糊逻辑、专家系统和神经网络。在电力电子学的众多应用领域中，智能控制在电流控制PWM技术中的应用是具有代表性的技术应用方向之一，也是研究的新热点之一。

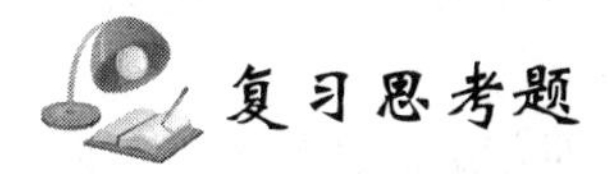

复习思考题

1. 简述智能家居和智能控制的概念与发展趋势。
2. 分析智能的思维方式。
3. 简述智能家居系统的组成部分。

第6章　综合创新训练

目的与要求

1. 了解创新的概念和特性。
2. 熟悉创新与实践的关系。
3. 掌握创新的思维方式和创新的技法。
4. 熟悉创新能力的培养途径和训练方法。

6.1　创新的概念及特性

6.1.1　创新及其相关概念

1. 创新的概念

创新是人们把新设想、新成果运用到生产实际或社会实践而取得进步的过程，是获得更高社会效益和经济效益的综合过程，或者可以认为是对旧的一切所进行的革新、替代或覆盖。这种效益可能是物质的，也可能是精神的，但必须是对人类社会有益的。由以上定义不难看出，构成创新的基本要素是人、新成果、实施过程和更高效益。

创新从经济现象开始，随着科学技术的进步和经济的发展，人们对创新的认识也在不断扩展和深化，而且已扩展至科学、政治、文化和教育等各个方面。其中既有涉及技术性变化的创新，如知识创新、技术创新和工艺创新等，也有涉及非技术性变化的创新，如组织创新、管理创新、政策创新等。创新已经成为人类社会进步过程中的普遍现象。在此，我们主要介绍涉及机电工程技术方面的创新。

2. 创新与其他相关概念的关系

（1）创造　创造与创新的内涵没有太大的差别，两者都具有首创性特征。但创造与创新的首创性特征的含义并不完全相同。创造是指新构思、新观念的产生，创造的“首创性”是指“无中生有”，着重于一个具体的结果。创新的含义要广泛得多，创新的“首创性”不仅指“无中生有”，更多的是指“推陈出新”，它指的是事物内部新的进步因素通过斗争战胜旧的落后因素，最终发展成为新事物的过程，是一切事物向前发展的根本动力。

创新与创造的主要差别是：创新有很强的目的性，它更着重于市场需求，着重于与市场相关的技术；创造着重的是研究活动本身或它的直接结果，而创新着重的是新事物的发展过程和最终结果。例如把创造应用于生产过程和商业经营活动中去，并由此带来更高的经济效益和社会效益。

（2）发现和发明　发现是指经过探索研究找出以前还没有认识的事物规律，如科学家发现地球本身自转一周为一天等。

发明是指获得人为性的创造成果，例如人类发明了第一艘宇宙飞船进入太空飞行等。

发明加上成功的开发才可以称为创新。付诸实践的创新也不一定必然是任意的一种发明，创新是把发明创造应用于生产经营活动中去的一个过程，过程的起始应该是发明创造。有了发明创造出来的新理论、新产品、新工艺和新技术，创新也就有了起始点。小的发明有时可以引发大的创新，例如集装箱的出现算不上大的发明，甚至谈不上技术上的发明创造，但它引发了世界运输革命，使航运业的效率增加了 3 倍，因此被认为是重大创新。

3. 创新能力

创新能力是指一个人（或群体）通过创新活动、创新行为而获得创新性成果的能力。它是人的能力中最重要、层次最高的一种综合能力。创新能力包含多方面的因素，如探索问题的敏锐力、联想能力、侧向思维能力和预见能力等。

对于在校就读的学生而言，创新能力是求职、就业、创业乃至其一生事业发展过程中的一种通用能力。

创新能力在创新活动中，主要是提出问题和解决问题这两种能力的合成。提出问题包括了发现问题和提出问题，首要的是发现问题的能力，即从外界众多的信息源中，发现自己所需要的、有价值的问题的能力。发现问题也是科学研究和发明创造的开端。相对于解决问题，提出问题在创新活动中占有更重要的地位。

6.1.2　创新的特性

1. 首创性

创新是解决前人没有解决的问题，因此创新必然具有首创性特征。创新要求人们要敢于积极进取、标新立异。一件创新产品应该具有时代感和新颖性。

创新并不一定是全新的东西，旧的东西以新的方式结合或以新的形式出现也是创新。一般认为某些模仿也是创新，模仿已成为创新传播的重要形式之一。模仿可分为创造性模仿和简单性模仿。现实中的模仿大多数属第一类，对原产品进行了进一步的改进，带有一定的创造性，因此被看作创新。没有创造性的产品属于低级重复性产品。在经济发展不均衡的地区，不排除这种产品会有一定的市场，但这种市场往往表现出很大的局限性和暂时性，这种产品的制造与销售，多数人认为不能称为创新。

2. 综合性

创新不是凭空设想。一项创新活动需要广泛的知识和深厚的科技理论功底。在学习的时候，人们往往是一个学科、一门课程地分开学习，但如果把思想仅仅束缚在某一门课程的知识范围内就很难进行创新。创新需要把各相关学科的知识加以综合利用，融会贯通。

作为一个完整的产品创新活动，需要完成由产品发明到开发直至市场化的过程。在这个过程中，除了需要发明者的科技知识，还需要各有关方面具体创新执行者的密切配合，主要是生产工作者和经营管理者的密切配合，创新才能成功。

创新过程每一个阶段的工作往往不是仅凭一个人的能力就能完成的。不同的人在其中所起的作用不同，但一项创新产品的成功必然是众多参与者集体智慧的结晶。创新的综合性就表现在创新活动的产品是众多人的共同努力、多学科知识交叉融会及多种行业协调配合的成果。

3. 实践性

创新活动自始至终都是一项实践活动。创新初期，产品类型的确定是建立在社会需要的基础之上的。在创新过程中，产品的构思阶段和制造阶段中都显示出或隐含着大量实践性经验的因素。一项新产品产生后，能否被称为完整意义上的创新最终还要经过市场实践的检验。

6.1.3 创新的思维方式

创新思维是人们在已有的知识和经验的基础上，通过主动地、有意识地思考，产生独特、新颖的认识成果，是一种心理活动过程。从创新的特性可推出，创新思维应该具有突破性、独立性和辩证性。

应该强调要创新，就应该突破原有的思维定式，打破迷信权威的思维障碍，敢于标新立异。创新思维有形象思维、联想思维、发散思维和辩证思维等。

6.2 工程综合创新训练

6.2.1 实践是创新实现的基本途径

人类所从事的任何创新，不管是物质创新还是精神创新，不管是具体物品创新还是知识理论创新，都是通过实践来实现的，是在实践的过程中形成、检验和发展的。脱离了实践活动，任何创新都难以实现与发展。

1. 创新与实践过程

创新首先要确定其选题和目标。选题和目标是根据社会的需要和实现的可能提出的，经过理论的论证才确定下来。但选题和目标确定得是否完全合理，能否像人们预想的那样克服实现过程中遇到的困难，只有通过实践检验后才能最终确定。例如，飞机在发明出来以前，在自然界中是完全不存在的。人们为了实现像鸟一样在天空中飞翔的目标，曾进行过多种方案的构思与实践，如类似鸟翼的拍打飞行，类似蝙蝠翼的滑翔飞行等。在一次次的实践失败以后，人们不断改进构思，最终由莱特兄弟实现了人类在蓝天上飞翔的梦想。这个例子说明了用类似鸟翼拍打或滑翔飞行的方法载人飞上天空在实践检验中遭到了失败，但人类飞上蓝天的愿望最终在人们不断实践和创新中取得了成功。实践可以检验创新过程和创新的成果。在检验中就会发现问题和不足，从而有针对性地提出改进的措施和方法，修正创新目标或创新方案，修正创新过程，使创新得以实现和发展。任何事物的发展，都是在修正错误中前进的，创新也不例外。一些重大的创新目标，往往要经过实践的反复检验，才能最终确立和完善。

还有一种创新活动，它并没有引起客体对象的现实改变，而是把对象的本质和规律反映在人的头脑中，经过头脑的选择和构建，形成新的观念、思想和理论。

2. 实践锻炼提高人的创新能力

创新成果的大小，往往取决于人的创新能力。创新能力和创新品质是在实践中锻炼和发展起来的，不是天生的。人们只有在社会实践中丰富了创新知识，培养了创新思维，加强了创新意识，修炼了创新意志，增长了创新才干，才能成为创新之人。由于实践贯穿于创新的全过程，而且反馈和调节着整个创新活动，因此决不能低估实践在创新中的地位和作用。有人认为创新是头脑的自由创造物，是某种机遇、某种灵感，似乎只要某种灵机一动就可轻而易举地取得某种创新成果。这种观点显然是不科学的，必然导致对实践操作和实验的轻视。明确了这一点，我们就必须着重实践能力的培养和锻炼。

总之，创新是通过实践来实现的。任何创新思想，只有付诸行动，才能形成创新成果。因此重视实践是创新的基本要求。

6.2.2 创新能力的培养和训练

现代心理学的研究表明，人人都有创造力，都有创造的可能性，只是在程度上有所不同而已。人的创新思维能力不是天生的，天生的只是创新的潜能，这种潜能仅具有自然属性。创新能力是具有社会属性的显性能力，是在实践中、日常生活中、学习和工作中锻炼和培养起来的。

创新思维是可以通过训练培养的，创新能力也是可以通过锻炼提高的。美国通用电气公司长期坚持“创造工程”这门课程的培训，他们所得出的结论是：“那些通过创造工程教学大纲训练的毕业生，发明创造的方法和获得专利的速度，平均要比未经训练的人高出3倍。”梅多和帕内斯等人在布法罗大学通过对330名大学生的观察和研究发现，受过创造性思维教育的学生在产生有效的创见方面，与没有受过这种教育的学生相比，平均提高94%。他们的另一项测验还表明，学习了创造方面课程的学生，同没有学过这类课程的学生相比，在自信心、主动性以及指挥能力方面都有大幅度的提高。

创新能力是靠教育、培养和训练激励出来的。提升创新能力主要通过三条途径来实现。

1）在日常生活中经常有意识地观察和思考一些问题，如“为什么”“做什么”“应该怎样做”“是不是只能这样”“还有没有更好的方法”等，培养强烈的问题意识。通过这种日常的自我训练，可以提高观察能力和大脑灵活性。

2）参加培养创新能力的培训班，学习一些创新理论和技法，建立“创新思维能够改变你的一生”“方法就是力量”“方法就是世界”的观念，经常做一做创造学家、创新专家设计的训练题，有利于提高创新思维能力。

3）最重要的一点，积极参加创新实践活动，如发明、制作、科学实验、科学研究及论文写作等，尝试用创造性方法解决实践中的问题，在实践中培养和训练自己的创新能力。

锻炼创新能力，提高创新水平，除加强创新能力的培养和训练外，还要提高认识，从小培养动手的良好习惯。坚决克服重理论、轻实践，重书本、轻实际的主观偏向；坚决反对夸夸其谈、纸上谈兵的不良作风。要真正在头脑中树立实践第一的观点，要重实干、轻空谈；要允许创新者在创新实践中犯错误，尊重实干家的成绩，保护创新者的利益。

6.3 综合创新训练的技法

创新技法即创新的技巧和方法，是以创新思维规律为基础，通过对广泛创新活动的实践经验进行概括、总结和提炼而得出来的。下面介绍几种可操作性强、能够按照一定的方法、步骤实施的常用创新技法。

6.3.1 设问法

设问法是围绕创新对象或需要解决的问题发问，然后针对提出的具体问题予以研究解决的创新方法。其特点是强制性思考，有利于突破不善于思考提问的思维障碍；目标明确、主题集中，在清晰的思路下引导发散思维。

1. 5W2H 法

这种方法是围绕创新对象从七个主要方面去设问的方法。这七个方面的疑问用英文字表示时，其首字母为 W 或 H，故归纳为 5W2H。

(1) Why（为什么） 为什么要选择该产品？为什么必须有这些功能？为什么采用这种结构？为什么要经过这么多环节？为什么要改进？……

(2) What（是什么） 该产品有何功能？有何创新？关键是什么？制约因素是什么？条件是什么？采用什么方式？……

(3) Who（谁） 该产品的主要用户是谁？组织决策者是谁？由谁来完成产品创新？谁被忽略了？……

(4) When（何时） 什么时候完成该创新产品？产品创新的各阶段怎样划分？什么时间投产？……

(5) Where（何地） 该产品用于何处？多少零件自制，其余到何处外购？什么地方有资金？……

(6) How to（怎样做） 如何研制创新产品？怎样做效率最高？怎样使该产品更方便使用？……

(7) How much（多少） 产品的投产数量是多少？达到怎样的水平？需要多少人？成本是多少？利润是多少？……

此种方法抓住了事物的主要特征，可根据不同的问题确定不同的具体内容，适用于技术创新中的全新型创新选题。

2. 和田十二法

“和田法”是我国的创造学者，根据上海市和田路小学开展创造发明活动中所采用的技法总结提炼而成，共 12 种，下面分别加以简要介绍。

(1) 加一加 可在这件东西上添加些什么吗？把它加大一些、加高一些、加厚一些，行不行？把这件东西和其他东西加在一起，会有什么结果？

(2) 减一减 能在这件东西上减去什么吗？把它减小一些、降低一些、减轻一些，行不行？可以省略取消什么吗？可以减少次数或时间吗？

(3) 扩一扩 使这件东西放大、扩展会怎样？功能上能扩大吗？

(4) 缩一缩 使这件东西压缩一下会怎样？能否折叠？

(5) 变一变 改变一下事物的形状、尺寸、颜色、味道、时间或场合会怎样？改变一下顺序会怎样？

(6) 改一改 这种东西还存在什么缺点或不足，可以加以改进吗？它在使用时是不是会给人带来不便和麻烦，有解决这些问题的办法吗？

(7) 联一联 把某一事物与另一事物联系起来，能产生什么新事物？每件事物的结果，跟它的起因有什么联系？能从中找出解决问题的办法吗？

（8）学一学　有什么事物可以让自己模仿、学习一下吗？模仿它的形状或结构会有什么结果？学习它的原理技术又会有什么创新？

（9）代一代　这件东西有什么东西能够代替？如果用别的材料、零件或方法等行不行？替 代后会发生哪些变化？有什么好的效果？

（10）搬一搬　把这件东西搬到别的地方，还能有别的用途吗？这个事物、设想、道理或技术搬到别的地方，会产生什么新的事物或技术？

（11）反一反　如果把一个东西、一件事物的正反、上下、左右、前后、横竖或里外颠倒一下，会产生什么结果？

（12）定一定　为了解决某一问题或改进某一产品，为了提高学习、工作效率，防止可能发生 的不良后果，需要新规定些什么？制定一些什么标准、规章和制度？

“和田法”深入浅出、通俗易懂且便于掌握，被人们称为“一点通”。此方法适合各个领域的创新活动，尤其适合青少年开展的创新活动。

6.3.2　创新的其他技法

创新的技法还有类比法、组合创新法、逆向转换法、列举法等。

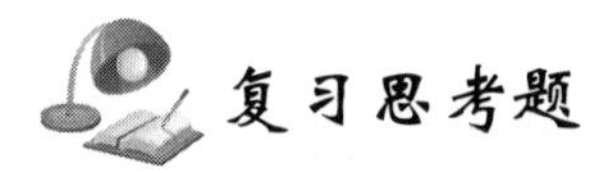

1. 什么是创新，创新的特性有哪些？
2. 创新的思维方式是什么？
3. 综合创新训练的技法有哪些？

参考文献

[1] 付家才．电工实验与实践［M］．北京：高等教育出版社，2004．

[2] 白玉岷．电气工程安装及调试技术手册：上册［M］．3 版．北京：机械工业出版社，2013．

[3] 白公，悦英，等．电工操作技能自学读本［M］．北京：机械工业出版社，2002．

[4] 刘震，佘伯山．室内配线与照明［M］．2 版．北京：中国电力出版社，2015．

[5] 熊幸明．电工电子实训教程［M］．北京：清华大学出版社，2007．

[6] 刘涛．电工技能训练［M］．北京：电子工业出版社，2002．

[7] 张永红，宋印海，盛鸿宇．电工实用技术实训教材：上册［M］．北京：科学出版社，2004．

[8] 宋美清．电工技能训练［M］．2 版．北京：中国电力出版社，2009．

[9] 李文双，邵文冕，杜林娟．工程训练（非工科类）［M］．哈尔滨：哈尔滨工程大学出版社，2010．

[10] 刘胜青，陈金水．工程训练［M］．北京：高等教育出版社，2005．

[11] 吴海华，等．工程实践（非机械类）［M］．武汉：华中科技大学出版社，2004．

[12] 林建榕，等．工程训练［M］．北京：航空工业出版社，2004．

[13] 祝小军，文西芹．工程训练［M］．3 版．南京：南京大学出版社，2016．

[14] 费从荣，尹显明．机械制造工程训练教程［M］．成都：西南交通大学出版社，2006．

[15] 马保吉．机械制造基础工程训练［M］．3 版．西安：西北工业大学出版社，2009．

[16] 萧泽新．金工实习教材［M］．广州：华南理工大学出版社，2009．

[17] 傅水根．现代工程技术训练［M］．北京：高等教育出版社，2006．

[18] 吴鹏，迟剑锋．工程训练［M］．北京：机械工业出版社，2005．

[19] 冯俊．工程训练基础教程（非机械类）［M］．北京；北京理工大学出版社，2005．

[20] 党新安．工程实训教程［M］．北京：化学工业出版社，2010．

[21] 董桂田．工程训练［M］．北京：科学出版社，2003．

[22] 吴小竹，朱震．工程实习与训练［M］．上海：上海科学技术文献出版社，2006．

[23] 李喜桥．创新思维与工程训练［M］．北京：北京航空航天大学出版社，2005．

[24] 张忠有，宋世贵，陈桂芝．创造理论与实践［M］．徐州：中国矿业大学出版社，2002．

[25] 黄志坚．工程技术思维与创新［M］．北京：机械工业出版社，2007．

[26] 罗凤利，李素燕，徐衍峰．工程训练（工科非机械类）［M］．北京：机械工业出版社，2017．

[27] 韩志民，曲芳，潘莉．工程训练（非工科类）［M］．北京：机械工业出版社，2017．